"全国职业院校技能大赛"高职赛项教学资源开发成果

机电一体化项目

JIDIAN YITIHUA XIANGMU

郭奉凯　张文明◎主　编

张春芝　刘哲纬　颜建美　倪寿勇　刘云斌◎副主编

中国铁道出版社有限公司
CHINA RAILWAY PUBLISHING HOUSE CO., LTD.

内 容 简 介

本书以全国职业院校技能大赛"机电一体化项目"赛项指定的竞赛设备为载体,按照项目引领、任务驱动的编写模式,在总结教学实践和技能大赛考核点的基础上编写而成,是全国职业院校技能大赛资源教学转化成果。

本书主要内容包括绪论、机电一体化设备各单元颗粒上料单元、加盖拧盖单元、检测分拣单元、工业机器人搬运单元、智能仓储单元的安装与调试、自动化系统程序优化与调试、机电系统虚拟调试等,注重职业技能和工作过程创新能力的培养,更适应高等职业教育发展的需要。本书结构紧凑、图文并茂、层次分明,配有视频、动画等丰富的信息化教学资源,学习者可以通过扫描书中的二维码进行观看。

本书适合作为高等职业院校电气自动化类、机电类和电子类等相关专业教材,也可供自学者和技术人员参考。

图书在版编目(CIP)数据

机电一体化项目/郭奉凯,张文明主编 .—北京:
中国铁道出版社有限公司,2022.12(2024.11 重印)
ISBN 978-7-113-29299-7

Ⅰ.①机… Ⅱ.①郭…②张… Ⅲ.①机电一体化
Ⅳ.① TH-39

中国版本图书馆 CIP 数据核字 (2022) 第 106773 号

书　　名:机电一体化项目
作　　者:郭奉凯　张文明

策　　划:祁 云		编辑部电话:(010) 63560043
责任编辑:何红艳		
封面设计:刘 颖		
责任校对:苗 丹		
责任印制:赵星辰		

出版发行:中国铁道出版社有限公司(100054,北京市西城区右安门西街 8 号)
网　　址:https://www.tdpress.com/51eds
印　　刷:北京盛通印刷股份有限公司
版　　次:2022 年 12 月第 1 版　2024 年 11 月第 2 次印刷
开　　本:787 mm×1 092 mm 1/16　印张:11.75　字数:279 千
书　　号:ISBN 978-7-113-29299-7
定　　价:49.00 元

版权所有　侵权必究

凡购买铁道版图书,如有印制质量问题,请与本社教材图书营销部联系调换。电话:(010) 63550836
打击盗版举报电话:(010) 63549461

作者简介

郭奉凯简介

山东商务职业学院，副教授/工程师，曾就职于中国航天科技集团第五一三研究所从事卫星电源产品研发工作，完成技改科研项目10多项。2013年至今，在山东商务职业学院从事机电一体化技术教学和数字孪生仿真科研工作。先后获得山东省高校技能名师，烟台市职业技能大赛先进个人等称号。

2017年全国职业院校技能大赛优质指导教师；2020年获山东省高校科研成果一等奖；2022年获山东省高校教学成果一等奖；2016年山东省职业院校技能大赛教师组"电子产品装调"大赛一等奖；山东省精品资源共享课程"自动化生产线安装与调试"主持人；主持山东省教学职业教育教学改革研究项目1项，山东省高校科研计划项目1项。

张文明简介

入选江苏省"333高层次人才培养工程"第三层次，江苏省骨干机电一体化专业带头人。江苏省机电职业教育行业指导委员会副主任委员。主持国家级精品资源课程建设，主编3本"十二五""十三五"职业教育国家规划教材；获得首届全国优秀教材建设奖一等奖。

获江苏省先进教育工作者，曾任教育部技能赛项裁判长、专家组组长。长期为企业从事自动化技术开发设计工作，被聘为企业技术专家，获得专利20余项。

张春芝简介

北京工业职业技术学院，教授，博士，北京工业职业技术学院机电工程学院院长、北京市电气安全技术研究所所长。兼任全国机械行业指导委员会自动化类专指委副秘书长、北京市职业技术教育学会机电理事会副理事长、北京市人工智能学会理事等。北京市高创计划领军人才、北京市高校教学名师、北京市优秀教师、全国机械行业服务先进制造专业领军人才，2021年荣获北京市"人民教师提名奖"。

国家"双高"专业群建设负责人，首批国家级职业教育教学创新团队牵头人，"自动化生产线安装与调试"国家精品课程负责人，先后获国家教学成果奖1项、省部级特等奖2项、一等奖3项，主持省部级以上教研课题研究5项，参与国家专业目录、专业教学标准、实训基地建设标准和5个"1+X"证书标准编写工作，主编并出版机电类精品教材7本，发表论文30多篇、专利22项，获省部级科学技术奖2项。

作者简介

刘哲纬简介

浙江机电职业技术学院，教授/工程师，浙江省"万人计划"教学名师，浙江省优秀教师，国家职业教学教师教学创新团队（机电一体化技术）负责人，主持"智能制造发展趋势下机电一体化技术专业人才分析及创新培养实践""硬软能力培养并举的实践教学体系构架与实践"等多个省级教改项目。"新技术、新合作、新课程"——自动化类专业人才培养模式的探索与实践获国家教学成果一等奖，"'四创'特色的高职电气电子类专业创新人才培养的探索与实践"获国家教学成果二等奖，"校企双驱、方向可选、模块迭代——智能控制类专业的人才培养模式探索与实践"获省教学成果二等奖。出版了2本职业教育国家规划教材。多次指导学生获得国家技能大赛奖。

颜建美简介

常州纺织服装职业技术学院，副教授，机电学院自动化技术教研室主任，校优秀青年骨干教师。指导学生参加全国职业院校技能大赛获得国家级二等奖、三等奖各1项，省级二等奖1项、三等奖4项。参与并结题江苏省高等教育教学改革研究重点课题、江苏省高校实验室研究会研究一般课题、省高教学会成人教育研究一般课题、常州市科技局科技支撑项目各1项，主持与参与校级课题10项，授权专利12项。参编"十二五"职业教育国家规划教材1本、省级重点教材1本。获得江苏省信息化教学大赛二等奖，"全国纺织服装信息化教学大赛"银奖。获得中国纺织工业联合会教学成果三等奖2项，校教学成果一等奖1项。

倪寿勇简介

南京工业职业技术大学，副教授，江苏省"青蓝工程"中青年学术带头人培养对象，江苏省机电职业教育行业指导委员会能力建设工作部委员。主持江苏省高校自然科学研究面上项目1项、江苏省工业软件工程技术研究开发中心开放基金项目1项，公开发表学术论文10余篇，授权发明专利2项。指导学生参加全国职业院校技能大赛"机电一体化项目"，获国赛一等奖1项、省赛一等奖3项。

刘云斌简介

金华市技师学院，常务副院长，高级讲师/高级技师，担任浙江省技工院校省级专业（学科）带头人、浙江省技工院校机械大类专业中心教研组长、世界技能大赛综合机械自动化项目国家集训队教练，长期在技工院校从事教学和管理工作，主持编写《徽章机制作》等一体化教材9本，在省级以上刊物发表论文12篇，主持或参与省级以上课题研究14项，获省级以上科研成果奖项10余项。

前　言

自全国职业院校技能大赛引入"机电一体化项目"赛项以来，这一综合实训项目不断被全国广大高职院校引入机电类专业综合实训项目教学之中。通过全国及各省技能大赛的引领以及各院校多年的教学实践，"机电一体化项目"作为高职院校机电类专业的一门综合性实训课程，正在日趋成熟。

本书是针对"机电一体化项目"赛项而开发的教学资源成果，具有以下几个特点：

1. 以全国职业院校技能大赛指定竞赛设备——浙江天煌科技实业有限公司（又称"天煌教仪"）"机电一体化智能实训平台"为载体，基于工作内容组织教学内容，强调专业综合技术应用，注重工程实践能力提高。遵循从简单到复杂、循序渐进的教学规律，将各个项目分解为若干个任务分别详细讲述，使学习者易学、易懂、易上手。

2. 围绕机电一体化核心技术技能展开，对技术技能的关键点进行了简单分析，并针对前沿技术，在教学载体上设置实训项目，为后续实训项目做了充分的准备。

3. 书中的重点内容都配有实物图片、三维模型，直观形象，更易于学习者学习和理解。本书所附教学资源丰富，包含实录视频、三维动画、课件等多种教学配套资源，为教师教学和学生自主学习提供便利。

本书由山东商务职业学院郭奉凯和常州纺织服装职业技术学院张文明担任主编，北京工业职业技术学院张春芝、浙江机电职业技术学院刘哲纬、常州纺织服装职业技术学院颜建美、南京工业职业技术大学倪寿勇以及金华市技师学院刘云斌担任副主编。参加编写的还有山东商务职业学院张雁涛，广东白云学院钟小华、曾令超，烟台船舶工业学校邵艳梅。张文明负责绪论的编写和全书策划指导；郭奉凯编写项目一、项目二，并负责全书的统稿；张春芝编写项目三；颜建美编写项目四；刘哲纬编写项目五；倪寿勇编写项目六；刘云斌编写项目七。张雁涛、邵艳梅参与程序编写和调试工作，钟小华、曾令超提供实训与考核装备有关的技术数据和资料。"天煌教仪"的相关人员为书中动画制作、资源建设等做了大量的工作。

本书由"天煌教仪"黄华圣主审，他以高度负责的精神，认真仔细地审阅了书稿，并提出了宝贵的建议和意见。

受编者的经验、水平以及时间限制，书中难免存在不足和缺陷，敬请读者批评指正。

编　者

2022 年 8 月

目 录

绪 论 1

项目一　颗粒上料单元的安装与调试 8

　　任务一　颗粒上料单元的机械构件组装与调整 9
　　任务二　颗粒上料单元的电气连接与调试 15
　　任务三　颗粒上料单元的程序编写与调试 25
　　任务四　颗粒上料单元的故障排除 32

项目二　加盖拧盖单元的安装与调试 35

　　任务一　加盖拧盖单元的机械构件组装与调整 36
　　任务二　加盖拧盖单元的电气连接与调试 42
　　任务三　加盖拧盖单元的程序编写与调试 49
　　任务四　加盖拧盖单元的故障排除 56

项目三　检测分拣单元的安装与调试 58

　　任务一　检测分拣单元的机械构件组装与调整 59
　　任务二　检测分拣单元的电气连接与调试 64
　　任务三　检测分拣单元的程序编写与调试 74
　　任务四　检测分拣单元的故障排除 82

项目四　工业机器人搬运单元的安装与调试 ……………………………… 84

  任务一　工业机器人搬运单元的机械构件组装与调整 ………… 85
  任务二　工业机器人搬运单元的电气连接与调试 ……………… 90
  任务三　工业机器人的操作 …………………………………… 97
  任务四　工业机器人搬运单元的程序编写与调试 ……………… 101
  任务五　工业机器人搬运单元的故障排除 …………………… 107

项目五　智能仓储单元的安装与调试 …………………………………… 109

  任务一　智能仓储单元的机械构件组装与调整 ………………… 110
  任务二　智能仓储单元的电气连接与调试 …………………… 114
  任务三　智能仓储单元的程序编写与调试 …………………… 124
  任务四　智能仓储单元的故障排除 …………………………… 131

项目六　自动线系统程序优化与调试 …………………………………… 133

  任务一　系统的网络通信 ……………………………………… 134
  任务二　系统的组态控制 ……………………………………… 138
  任务三　控制程序的优化 ……………………………………… 141
  任务四　系统的运行调试 ……………………………………… 146

项目七　机电系统虚拟调试 ……………………………………………… 150

  任务一　虚拟调试系统介绍 …………………………………… 151
  任务二　仿真环境搭建与设置 ………………………………… 158
  任务三　仿真编程与调试 ……………………………………… 176

本书配套资源明细

一、机电一体化技术介绍

"机电一体化"的英文为 Mechatronics,是日本人在 20 世纪 70 年代初提出来的,它是用英文 Mechanics 的前半部分和 Electron-ics 的后半部分结合在一起构成的一个新词,意思是机械技术和电子技术的有机结合。

这一名称已得到包括我国在内的世界各国的承认,我国的工程技术人员习惯上把它译为机电一体化技术。机电一体化技术又称机械电子技术,是机械技术、电子技术和信息技术有机结合的产物。

机电一体化技术是在微型计算机为代表的微电子技术、信息技术迅速发展,向机械工业领域迅猛渗透,机械电子技术深度结合的现代工业的基础上,综合应用机械技术、微电子技术、信息技术、自动控制技术、传感测试技术、电力电子技术、接口技术及软件编程技术等群体技术,从系统理论出发,根据系统功能目标和优化组织结构目标,以智力、动力、结构、运动和感知组成要素为基础,对各组成要素及其间的信息处理,接口耦合,运动传递,物质运动,能量变换进行研究,使得整个系统有机结合与综合集成,并在系统程序和微电子电路的有序信息流控制下,形成物质的和能量的有规则运动,在高功能、高质量、高精度、高可靠性、低能耗等诸方面实现多种技术功能复合的最佳功能价值系统工程技术。

二、机电一体化大赛介绍

全国职业院校技能大赛机电一体化项目,以适应现代产业转型升级的需求、检验教学水平和教学质量、推进教学改革为主要目的,比赛内容覆盖机电一体化技术、机电设备技术、工业机器人技术、电气自动化技术、智能制造装备技术等专业的核心知识和技术技能。通过竞赛引领教育与产业、学校与企业、课程设置与职业岗位的深度衔接，对接"1+X"职业技能等级证书，推进"岗课赛证"综合育人，引领全国职业院校装备制造大类（机械设计制造类、自动化类等）专业建设、实训基地建设、师资队伍能力提升、课程教学改革和内容优化，培养机电领域具有精湛技术、娴熟技能、创新意识和工匠精神的技术技能人才。

本赛项重点检验选手在 PLC 控制技术、工业机器人应用技术、变频控制技术、伺服控制技术、工业传感器技术、电动机驱动技术、气压传动技术、组态控制技术、工业现场总线等方面的知识和技能，要求选手具备系统方案规划、设备安装、电气连接、程序编写、功能调试、运行维护、故障排除、系统优化等方面分析问题和解决问题的能力，以及应用新技术、新方法提升设备性能或功能的创新能力。此外，赛项还评价选手的工作效率、临场应变、质量意识、安全意识、节能环保意识和规范操作等职业素养水平。

三、设备平台介绍

（一）了解设备整体

本赛项竞赛采用浙江天煌科技实业有限公司"机电一体化智能实训平台"，如图 0-0-1 所示。该平台由颗粒上料单元、加盖拧盖单元、检测分拣单元、工业机器人搬运单元和智能仓储单元组成，包括了智能装配、自动包装、自动化立体仓储及智能物流、自动检测质量控制、生产过程数据采集及控制系统等工作流程，是一个完整的智能工厂模拟装置，性能参数见表 0-0-1。该设备应用了工业机器人技术、PLC 控制技术、变频控制技术、伺服控制技术、工业传感器技术、电动机驱动技术等工业自动化相关技术，可实现空瓶上料、颗粒物料上料、物料分拣、颗粒填装、加盖、拧盖、物料检测、瓶盖检测、成品分拣、机器人抓取入盒、盒盖包装、贴标、入库等智能生产全过程。

拓展阅读 1- 浙江天煌公司

图 0-0-1　机电一体化智能实训平台

表 0-0-1 平台技术性能参数

名　　称		技术性能参数
系统电源		单相三线制 AC 220 V
设备重量		300 kg
额定电压		AC 220 V×(1±5%)
额定功率		1.9 kW
环境湿度		≤85%
设备尺寸		520 cm×104 cm×160 cm(长×宽×高)
工作站尺寸		580 cm×300 cm×150 cm(长×宽×高)
安全保护功能		急停按钮，漏电保护，过流保护
PLC (二选一)		型号：FX5U-32MR/FX5U-64MR/FX5U-64MT
		型号：H3U-1616MR/H3U-3232MR/H3U-3232MT
触摸屏		型号：TPC7062Ti（7 英寸彩屏）
伺服系统	驱动器	MR-JE-10A
	电动机	HG-KN13J-S100
变频器		FR-D720S-0.4K-CHT
智能相机		海康 MV-SC2016PC-06S-WBN
RFID		CK-FR08-E00
步进系统	驱动器	YKD2305M
	电动机	YK42XQ47-02A
工业机器人 (三选一)		6 轴机器人，型号：RV-2FR，2 kg，500 mm，控制器 CR800-D
		6 轴机器人，型号：IRB 120，3 kg，580 mm，控制器 IRC5 compact
		6 轴机器人，型号：IRB300-3-60TS5，3 kg，638 mm，控制器 IRCB300-B-FF
平台软件要求		计算机操作系统：Windows 10
		PLC 编程软件：GX Works3（1.070Y） 　　　　　　　AutoShop V3.02- 中文版
		机器人编程软件：RT toolbox3（版本：1.61P） 　　　　　　　　RobotStudio 6 　　　　　　　　InoTeachPad S01
		触摸屏编程软件：MCGS_ 嵌入版 7.2 及以上版本
		办公软件：WPS Office 2016
		阅读器：PDF 阅读器

（二）了解设备组成单元构成及功能

1．颗粒上料单元

颗粒上料单元，如图0-0-2所示。颗粒上料单元主要由工作实训台、圆盘输送模块、上料输送带模块、主输送带模块、颗粒上料模块、颗粒装填模块、触摸屏及其控制系统等组成。颗粒上料单元主要功能是：料瓶输送机构将空瓶逐个输送到上料输送线上，上料输送带逐个将空瓶输送到填装输送带上；同时颗粒上料机构根据系统命令将料筒内的物料推出；当空瓶到达填装位后，定位夹紧机构将空瓶固定；吸取机构将分拣到的颗粒物料吸取并放到空瓶内；瓶内颗粒物料达到设定的数量后，定位夹紧机构松开，输送带（或传送带）启动，将瓶子输送到下一个工位。此单元可以设定多样化的填装方式，可根据颗粒物料颜色（白色与蓝色两种）、颗粒物料数量（最多四粒）进行不同的组合，产生不同的填装方式。

2．加盖拧盖单元

加盖拧盖单元，如图0-0-3所示。加盖拧盖单元主要由工作实训台、加盖模块、拧盖模块、主输送带模块、备用瓶盖料仓模块、触摸屏及其控制系统等组成。加盖拧盖单元主要功能是：瓶子被输送到加盖模块后，加盖定位夹紧机构将瓶子固定，加盖模块启动加盖程序，将盖子加到瓶子上；加上盖子的瓶子继续被送往拧盖机构，到拧盖机构下方，拧盖定位夹紧机构将瓶子固定，拧盖机构启动，将瓶盖拧紧后输送到下一站。瓶盖分为白色和蓝色两种颜色，加盖时盖子颜色随机。

图0-0-2　颗粒上料单元三维效果图　　　　图0-0-3　加盖拧盖单元三维效果图

3．检测分拣单元

检测分拣单元，如图0-0-4所示。检测分拣单元主要由工作实训台、检测模块、主输送带模块、分拣模块、分拣输送带模块、RFID识别模块、视觉检测模块、触摸屏及其控制系统等部分组成。检测分拣单元主要功能是：拧盖后的瓶子经过此单元进行检测，进料传感器检测是否有物料进入；瓶子进入检测模块后，回归反射传感器检测瓶盖是否拧紧，光纤对射传感器检测瓶子内部颗粒是否符合要求，同时对瓶盖颜色进行区分；拧盖或颗粒不合格的瓶子被分拣机构推送到分拣输送带模块；不合格品分拣模块可以分别对颗粒数量不合格、瓶盖未拧紧、颗粒和瓶盖均不合格的物料进行分拣；拧盖与颗粒均合格的瓶子被输送到主输送带末端，等待机器人搬运；配有彩色指示灯，可根据物料情况进行不同显示。

4. 工业机器人搬运单元

工业机器人搬运单元,如图 0-0-5 所示。工业机器人搬运单元主要由工作实训台、工业机器人、物料升降模块、装配模块、标签库、触摸屏及其控制系统等组成。工业机器人搬运单元主要实现功能有:料盒补给升降模块与料盖补给升降模块分别将料盒与料盖提升起来,装配台挡料气缸伸出,料盒补给升降模块上推料气缸将料盒推出至装配台上,装配台夹紧气缸将物料盒固定定位,工业机器人前往前站搬运瓶子至装配台物料盒内,待工业机器人将料盒放满四个瓶子后,工业机器人将盒盖吸取并将前往装配台进行装配,装完盒盖后工业机器人前往标签台,依次按照瓶盖上的颜色吸取对应的标签并进行依次贴标。

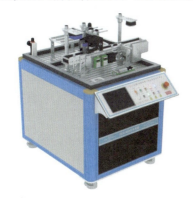 

图 0-0-4 检测分拣单元三维效果图　　　　图 0-0-5 工业机器人搬运单元三维效果图

5. 智能仓储单元

智能仓储单元,如图 0-0-6 所示。智能仓储单元主要由工作实训台、立体仓库模块、堆垛机模块、触摸屏及其控制系统等组成。智能仓储单元主要功能是:实现堆垛机构把机器人单元物料台上的包装盒体叉取出来,然后按要求依次放入仓储相应仓位,可进行产品的出库、入库、移库等操作。

6. 拓展创新套件

拓展创新套件主要由铝合金加工件组成,表面喷细砂,本色氧化处理,用于扩展 RFID 的应用场合,可以让 RFID 应用于工业机器人搬运单元或智能仓储单元。

7. I/O 综合调试仪

I/O 综合调试仪,如图 0-0-7 所示。它与全国职业院校技能大赛"机电一体化项目"竞赛平台配套使用,用于竞赛任务中的电气线路调试。设备调试时,手动测试模块上的传感器、电动机和电磁阀等器件的动作及对应的 I/O 点的顺序。调试仪的人机交互方式采用 7 寸电容式触摸屏,内置多个调试界面,如图 0-0-8 所示,可以滑动切换不同功能的调试场景界面。调试接口为带隔离保护的 16 路输出 16 路输入 DB37 插头,与 DB37 端子盒配套使用。

图 0-0-6 智能仓库单元三维效果图

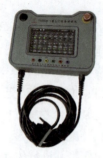
图 0-0-7　I/O 综合调试仪

图 0-0-8　测试仪调试界面

其功能及特点包括：

（1）I/O 综合调试仪外壳采用 ABS 塑料材质，颜色为工业灰，表面喷胶处理，为用户提供细腻平滑的胶质手感，左侧配备皮质手柄，手持时舒适便捷。

（2）I/O 综合调试仪顶部配有电源开关和急停按钮，用于控制调试仪电源的开启和紧急切断输出电源。

（3）I/O 综合调试仪配有 7 寸电容式触摸屏，分辨率为 1 024×600，颜色为 65K 色，可视尺寸 154 mm×85 mm。

（4）I/O 综合调试仪内置五个调试场景界面，对应机电一体化智能实训平台五个站的 I/O 功能测试，通过手指点动画面里的按钮来测试对应器件的动作是否正常。当被测端口板的某个输入信号有效，画面里对应位置的指示灯会点亮。

（5）"工业机器人搬运单元"和"智能仓储单元"调试界面，可通过下拉框选择不同的 DB37 端子盒。

（三）配套软件介绍

机电综合数字孪生仿真系统

拓展阅读 2-国产仿真软件的挑战与机遇

机电综合数字孪生仿真系统是一套综合性的实训仿真系统，如图 0-0-9 所示。该系统通过采用数字孪生技术，将真实机电系统按 1∶1 开发构建出虚拟机电系统，并与真实或虚拟的工业自动化控制系统之间的数据进行映射关联、实时交换，构成数字孪生仿真系统，能实现半实物虚拟调试和纯虚拟的虚拟调试。该系统在工业领域应用，在产品设计的初级概念阶段就可以对整个系统进行分析，包括虚拟调试、风险评估，方案改进，降低项目技术风险；在教育领域应用，通过对象虚拟化，解决了工程训练成本高，场景少的问题，可用于大学生竞赛、开放性实验、毕业设计等。

（1）基础功能

① 支持设备库功能，可从设备库中导入不同品牌的机器人、工件、工装夹具、附加轴（导轨、变位机、龙门架等）及其他相关工作单元（地板、安全围栏、控制柜等）。

② 支持真实设备的虚拟化建模功能，如气缸组件建模、卡爪组件建模、输送带组件建模等。

③ 支持虚拟传感器建模与仿真，支持距离传感器、磁性开关传感器等传感器建模，并且虚拟传感器的信号可以发送到 PLC 控制器。

图 0-0-9　仿真软件界面

④ 支持机器人插补算法，包括直线、圆弧、关节等几种基本的插补算法。

⑤ 支持机器人的后置输出功能，包含 ABB、KUKA、Motoman、KEBA、固高和 Effort 等品牌机器人控制器。

⑥ 支持将仿真结果导出为可以由微信小程序以及网页展示的文件，可以开发并接入客户的微信小程序系统。

⑦ 支持虚拟场景对接物联网平台，通过将运动控制器、PLC 采集的数据发送到虚拟场景实现远程调试，支持中国电信 CtWing、thingsboard 等数据平台。

⑧ 支持多种 PLC 协议，如倍福、三菱、汇川、西门子、OPC-UA 等控制器协议，可根据客户需求定制其他品牌的 PLC 协议。

⑨ 支持多种品牌机器人通信协议，如 ABB、需要智能、三菱、KEBA、FANUC、UR 等品牌机器人控制器协议，可根据客户需求定制其他品牌机器人协议。

⑩ 支持多种数据格式的输入，如网格数据格式 stl、obj、ply；实体造型数据格式 step、iges；路径数据格式 csv、svg。

⑪ 支持 Python 脚本编程，提供 Python api 接口定义；支持工作站布局规划功能，对导入工作单元的设备进行位置布局、修改运行参数等。

（2）路径规划

① 支持 3D 打印切片，并导出 G 代码，支持 G 代码仿真，并转换成机器人程序。

② 支持字体编辑，并导出 G 代码，支持 G 代码仿真，并转换成机器人程序。

③ 支持图片轮廓识别，并导出 G 代码，支持 G 代码仿真，并转换成机器人程序。

（3）虚拟监控

软件场景中的虚拟设备是基于真实设备的三维模型构建的，软件通过通信客户端采集真实设备控制器中的数据，并映射到虚拟设备中，实现虚实联动，用于展示和培训。

（4）虚拟调试

① 支持半实物虚拟调试功能，将真实运动控制器和 PLC 的数据映射到虚拟场景中，利用虚拟场景对运动控制器和 PLC 进行编程与调试，程序运行结果通过虚拟场景展示出来。

② 支持纯虚拟调试功能，仿真系统可以与三菱 GX Works 3、西门子博图等编程软件直接连接进行数据交互，并通过虚拟 PLC 控制虚拟场景中的设备运行。

（5）虚拟场景

系统中内置了一套模拟颗粒药品柔性填装自动生产线，产线包含颗粒上料单元、加盖拧盖单元、检测分拣单元、工业机器人搬运单元、智能仓储单元等，通过虚拟控制器或实际控制器的控制，可实现空瓶上料、颗粒物料上料、物料分拣、颗粒填装、加盖、拧盖、物料检测、瓶盖检测、成品分拣、机器人抓取入盒、盒盖包装、贴标、入库等智能生产全过程。

机电一体化项目

颗粒上料单元的安装与调试

知识目标
(1) 了解颗粒上料单元的安装、运行过程。
(2) 熟悉上料输送带中变频器的选用和接线。
(3) 熟悉生产线中典型气动元件的选用和工作原理。
(4) 掌握常用生产线控制线路的工作原理及常见故障分析及检修。
(5) 了解现场管理知识、安全规范及产品检验规范。

能力目标
(1) 会使用电工仪器工具,对本单元进行线路通断、线路阻抗的检测和测量。
(2) 能对本单元电气元件——传感器、气动阀、显示元件进行单点故障分析和排查。
(3) 能够分析颗粒上料单元自动化控制要求,提出自动线 PLC 编程解决方案,会开展自动线系统的设计、调试工作。

素质目标
(1) 通过对机电一体化设备设计和故障排查,培养解决困难的耐心和决心,遵守工程项目实施的客观规律,培养严谨科学的学习态度。
(2) 通过小组实施分工,具备良好的团队协作和组织协调能力,培养工作实践中的团队精神;通过按照自动化国家标准和行业规范,开展任务实施,培养学生质量意识、绿色环保意识、安全用电意识。
(3) 通过实训室 6S 管理,培养学生具备清理、清洁、整理、整顿、素养、安全的职业素养。

项目情境

颗粒上料单元（见图 1-0-1）控制挂板的安装与接线已经完成，现需要利用客户采购回来的器件及材料，完成颗粒上料单元模型机构组装，并在该站型材桌面上安装机构模块、接气路管线（以下简称气管），保证模型机构能够正确运行，系统符合专业技术规范。按任务要求在规定时间内完成本生产线的装调，以便生产线后期能够实现生产过程自动化。

1-1-颗粒上料单站运行视频

图 1-0-1 颗粒上料单元整机图

任务一 颗粒上料单元的机械构件组装与调整

任务描述

请根据图样资料，完成颗粒上料单元的圆盘上料模块、上料输送带模块、主输送带模块、颗粒填装模块、颗粒上料模块的部件安装和气路连接，并根据各机构间的相对位置将其安装在本单元的工作台上。

任务准备

1. 模块分解图

颗粒上料单元模块分解，如图 1-1-1 所示。

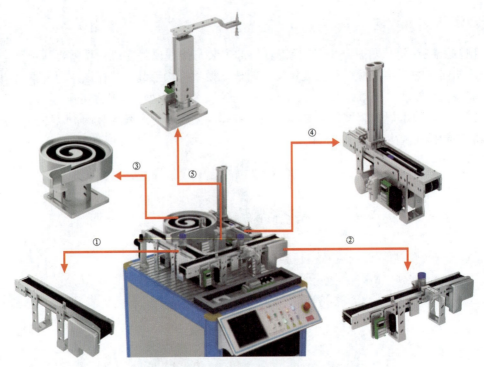

①—上料输送带模块；②—主输送带模块；③—颗粒上料模块；

④—圆盘上料模块；⑤—颗粒填装模块

图 1-1-1　颗粒上料单元模块分解

2. 各机构初始状态

各机构初始状态，见表 1-1-1。

表 1-1-1　颗粒上料单元各机构初始状态

上料输送带模块	主输送带模块	颗粒上料模块	圆盘上料模块	颗粒填装模块
① 上料输送带停止	① 主输送带停止	① 颗粒上料输送带停止	① 停止转动	① 升降气缸上升
② 工作气压 0.4～0.5 MPa	② 填装定位气缸缩回	② 推料气缸 A 缩回		② 旋转气缸向右
		③ 推料气缸 B 缩回		③ 吸盘关闭

3. 桌面布局图

将组装好的上料输送带模块、主输送带模块、颗粒上料模块、圆盘上料模块和颗粒填装模块按照合适的位置安装到型材桌面上，组成颗粒上料单元的机械结构，桌面布局及尺寸如图 1-1-2 所示。

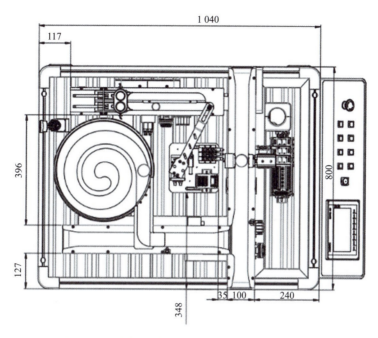

图 1-1-2 颗粒上料单元桌面布局图(单位:mm)

4. 材料及工具清单

项目一任务一的耗材及工具清单,见表 1-1-2。

表 1-1-2 耗材及工具清单表

任 务 编 号	1.1		任 务 名 称	颗粒上料单元机械构件组装与调整
设备名称	机电一体化智能实训平台		实施地点	
设备系统	汇川／三菱		实训学时	4学时
参考文件	机电一体化智能实训平台使用手册			
工具／设备／耗材				

	名称	规格型号	单位	数量
工具	内六角扳手		套	1
	螺丝刀		把	2
	刻度尺		把	2
	安全锤		个	1
耗材	直流电动机		台	2
	15针端子板		个	3
	不锈钢内六角圆柱头螺钉	M4×25	个	90
	不锈钢弹垫	M4	个	80
	不锈钢内六角紧定螺钉	M3×8	个	90

耗材	不锈钢弹垫	M8	个	80
	不锈钢弹垫	M3	个	70
	不锈钢平垫	M4	个	70
	不锈钢平垫	M3	个	80
	不锈钢内六角平圆头螺钉	M8×16	个	90
	不锈钢方形螺母	M6	个	150

1-2- 颗粒上料单元的安装

素养拓展 1- 工匠精神之精益求精

任务实施

1. 颗粒上料单元机械安装

颗粒上料单元各模块的安装步骤，见表 1-1-3。

表 1-1-3 颗粒上料单元的安装步骤

模块名称	模块效果图	注意事项
上料输送带模块 1-3- 上料输送带模块		注意支承板与底板之间垂直，不要倾斜或错位
主输送带模块 1-4- 主输送带模块		注意电动机护罩不得凸出主动轴支座
颗粒上料模块 1-5- 颗粒上料模块		上料输送线小滚轮，放入时需加润滑油。调整主动轮支座及从动轮支座的同轴度及水平位置

续表

模块名称	模块效果图	注意事项
圆盘上料模块 1-6-圆盘模块		注意出料口应和导盘出料口应与圆槽体出料口方向一致,瓶体可顺利导出
颗粒填装模块 1-7-颗粒填装模块		装配过程需注意气缸接头与支架不能在同一侧

2. 颗粒上料单元气路安装

（1）气路连接图

根据该单元的气路连接图（见图1-1-3），完成该机构执行元件的电气连接和气路连接，确保各气缸运行顺畅、平稳和电气元件的功能正确。

（2）颗粒上料单元气路调试

颗粒上料单元气路部分共用到六个电磁阀，有三个安装在汇流板上，其他三个悬挂在对应的气缸旁边，在PLC的控制下控制各种气缸。打开气源，利用小一字螺丝刀对气动电磁阀的测试旋钮进行操作，按下测试旋钮，气缸状态发生改变即为气路连接正确。请扫描二维码，查看电磁阀与定位气缸气路连接步骤。

1-8-电磁阀与定位气缸气路连接步骤

注意：连接电磁阀、气缸。连接时注意气管走向应按序排布，均匀美观，不能交叉、打折；气管要在快速接头中插紧，不能有漏气现象。

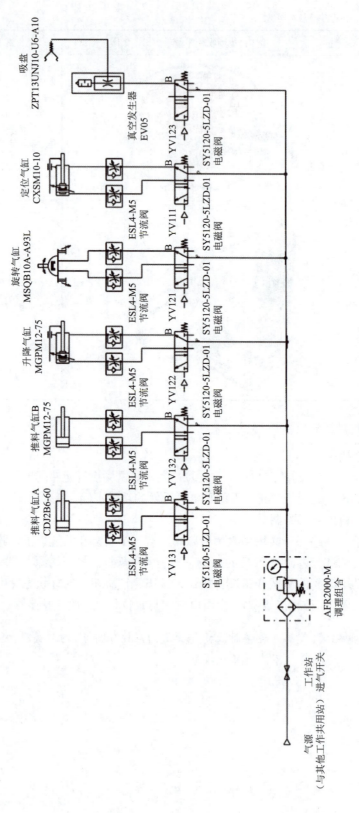

图 1-1-3 颗粒上料单元气路原理图

任务评价

评分表见表1-1-4,对任务的实施情况进行评价,将评分结果记入评分表中。

表1-1-4 评分表

评分表 _____学年		工作形式 □个人□小组分工□小组	工作时间 ____min	
任务	训练内容	配分	学生自评	教师评分
颗粒上料单元的机械构件组装与调整	主输送带模块零件齐全,零件安装部位正确;缺少零件,零件安装部位不正确,每处扣2分	10		
	上料输送带模块零件齐全,零件安装部位正确;缺少零件,零件安装部位不正确,每处扣2分	10		
	颗粒填装模块零件齐全,零件安装部位正确;缺少零件,零件安装部位不正确,每处扣2分	10		
	圆盘模块机构,模块零件齐全,零件安装部位正确;缺少零件,零件安装部位不正确,每处扣2分	10		
	各模块机构固定螺钉紧固,无松动;固定螺钉松动,每处扣1分,扣完为止	10		
	输送线型材主体与脚架立板垂直;不成直角,每处0.1分,扣完为止	10		
	各模块机构齐全,模块在桌面前后方向定位尺寸与布局图给定标准尺寸误差不超过±3mm,超过不得分;每错漏1处扣2分,共6处,扣完为止	10		
	使用扎带绑扎气管,扎带间距小于60 mm,均匀间隔,剪切后扎带长度≤1 mm,1处不符合要求扣1分	10		
	气源二联件压力表调节到0.4~0.5 MPa	8		
	气路测试,人工用小一字螺丝刀点击电磁阀测试按钮,检查气动连接回路是否正常,有无漏气现象,回路不正常或有漏气现象每处扣2分,共6个气缸,扣完为止	12		
合 计		100		

任务二 颗粒上料单元的电气连接与调试

任务描述

请完成该单元中:
(1)各接线端子电路的连接。
(2)传感器元件电路连接与调试。
(3)变频器的接线、参数设置与调试。

1. 汇川PLC及编程软件介绍

（1）设备使用的 H3U 系列 PLC，隶属国产汇川第三代小型 PLC。它属于通用型 PLC，点数覆盖全面，20～128 点一应俱全，最大可扩展至 256 点。H3U 系列 PLC 采用高性能 CPU+ FPGA 设计框架，因此可以提供更加实时的控制以及精确的脉冲控制功能，并提供更加丰富的通信接口。配合优秀的固件设计和集成开发环境（AutoShop）极度简化设计。

拓展阅读 3- 追赶中的国货之光汇川自控

（2）汇川公司开发了 AutoShop 编程后台软件，在该软件环境下，可进行 H1U/H2U/H3U 系列 PLC 用户程序的编写、下载和监控等功能。

（3）AutoShop 环境提供了梯形图、步进梯形图、SFC、指令表等编程语言，用户可选用自己熟悉的编程语言进行编程，根据 PLC 应用系统的控制工艺要求，设计程序。编程过程中，可随时进行编译，及时检查和修正编程错误。

2. 三菱PLC及编程软件

FX5U 是新一代三菱小型可编程控制器，FX5U 主机取消了传统的圆形 RS-422 编程口，但内置了以太网接口和 2 入 1 出模拟量以及 RS-485 接口，此 PLC 编程需要使用 GX-Works3 软件。

控制规模：16～384（包括 CC-LINK I/O）点，内置独立 3 轴 100 kHz 定位功能（晶体管输出型），基本单元左侧均可以连接功能强大、简便易用的适配器。GX Developer 是三菱 PLC 的编程软件，适用于 Q、QnU、QS、QnA、AnS、AnA、FX 等全系列可编程控制器，支持梯形图、指令表、SFC、ST 及 FB、Label 等语言程序设计。

3. 变频器基本知识

1-9- 变频器接线操作和设置

变频调速，就是变频器将频率固定（通常为工频 50 Hz）的交流电（三相或单相的）变换成频率连续可调（多数为 0～400 Hz）的三相交流电源，以此作为电动机工作电源。当变频器输出电源的频率 f_1 连续可调时，电动机的同步转速 n_0 也连续可调。又因为异步电动机的转子转速 n 总是比同步转速 n_0 略低一些，从而 n 也连续可调。

颗粒上料单元循环控制使用了三菱的 FR-D700 型变频器，变频器面板操作一般在调试时使用，常用的参数设置有：运行模式设定及参数的变更等。请扫描二维码，查看变频器接线操作和设置。

4. 电气原理图

1-10- 颗粒上料单元汇川系统电气原理图

颗粒上料单元电气原理图，以三菱系统为例，如图 1-2-1 所示。汇川系统电气原理图请扫描二维码查看。

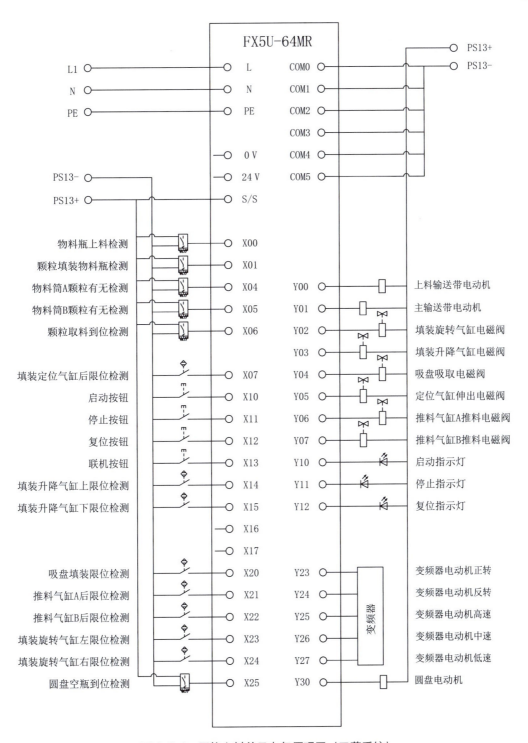

图 1-2-1 颗粒上料单元电气原理图（三菱系统）

5. 材料及工具清单

项目一任务二的耗材及工具清单，见表 1-2-1。

表 1-2-1　耗材及工具清单表

任 务 编 号		1.2	任 务 名 称	颗粒上料单元电气的连接与调试
设备名称		机电一体化智能实训平台	实施地点	
设备系统		汇川／三菱	实训学时	2 学时
参考文件		机电一体化智能实训平台使用手册		
工具／设备／耗材				
	名称	规格型号	单位	数量
工具	螺丝刀		把	2
	剪刀		把	1
	刻度尺		把	1
	压线钳		把	1
	自动剥线钳		把	1
设备	万用表		台	2
	线号管打印机		台	2
	空气压缩机		台	1
耗材	气管		米	5
	热缩管		米	1
	导线		米	10
	接线端子		个	200
	光电传感器	EE-SX951-W	个	10
	高精度光纤传感器	FM-E31	个	10
	冷压接线鼻子		个	50
	扎带		条	50
	电磁阀	7V0510M5B050	个	5
	37 针端子板		个	2
	磁性开关	CMS G-020	个	5
软件	汇川编程软件			
	三菱编程软件			

任务实施

1. 端子板连接

完成颗粒上料单元台面上各信号端子板连线,如图1-2-2所示,具体包括CN300主输送带模块端子板引脚分配,见表1-2-2;CN301颗粒填装模块端子板引脚分配,见表1-2-3;CN302颗粒上料模块端子板引脚分配,见表1-2-4;CN310桌面37针端子板引脚分配,见表1-2-5;CN320上料传送带电动机M1端子板引脚分配,见表1-2-6;CN321主传送带电动机M2端子板引脚分配,见表1-2-7;CN322圆盘电动机M3端子板引脚分配见表1-2-8;XT98端子板引脚分配,见表1-2-9。CN310桌面37针端子板上的接线需自行压接端子、套号码管。

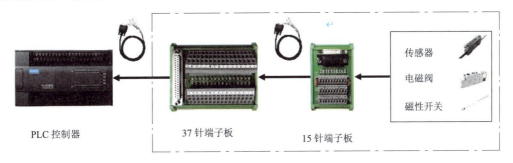

图1-2-2 端子板连接示意图

表1-2-2 CN300主输送带模块端子板引脚分配

端　子	线　号	功　能　描　述
XT3-0	X00	物料瓶上料检测传感器
XT3-1	X01	颗粒填装位检测传感器
XT3-2	X07	定位气缸后限位
XT3-3	X25	圆盘空瓶到位传感器
XT3-5	Y05	定位气缸电磁阀
XT2	PS13+	24 V电源正极
XT1	PS13-	24 V电源负极

表1-2-3 CN301颗粒填装模块端子板引脚分配

端　子	线　号	功　能　描　述
XT3-0	X14	填装升降气缸上限位
XT3-1	X15	填装升降气缸下限位
XT3-2	X20	吸盘填装限位
XT3-3	X23	填装旋转气缸左限位

续表

端　子	线　号	功能描述
XT3-4	X24	填装旋转气缸右限位
XT3-5	Y02	填装旋转气缸电磁阀
XT3-6	Y03	填装升降气缸电磁阀
XT3-7	Y04	填装取料吸盘电磁阀
XT2	PS13+	24 V 电源正极
XT1	PS13-	24 V 电源负极

表 1-2-4　CN302 颗粒上料模块端子板引脚分配

端　子	线　号	功能描述
XT3-2	X04	料筒 A 物料检测传感器
XT3-3	X05	料筒 B 物料检测传感器
XT3-4	X06	颗粒到位检测传感器
XT3-5	X21	推料气缸 A 后限位
XT3-6	X22	推料气缸 B 后限位
XT3-7	Y06	推料气缸 A 电磁阀
XT3-8	Y07	推料气缸 B 电磁阀
XT2	PS13+	24 V 电源正极
XT1	PS13-	24 V 电源负极

表 1-2-5　CN310 桌面 37 针端子板引脚分配

端　子	线　号	功能描述
XT3-0	X00	物料瓶上料检测
XT3-1	X01	颗粒填装到位检测
XT3-4	X04	料筒 A 物料检测
XT3-5	X05	料筒 B 物料检测
XT3-6	X06	颗粒取料到位检测
XT3-7	X07	定位气缸后限位
XT3-8	X20	吸盘填装限位
XT3-9	X21	推料气缸 A 后限位
XT3-10	X22	推料气缸 B 后限位
XT3-11	X23	填装旋转气缸左限位

续表

端　子	线　号	功　能　描　述
XT3-12	X24	填装旋转气缸右限位
XT3-13	X14	填装气缸上限位
XT3-14	X15	填装气缸下限位
XT3-15	X25	圆盘空瓶到位检测
XT2-0	Y00	上料启停
XT2-1	Y01	主输送带启停
XT2-2	Y02	填装旋转气缸电磁阀
XT2-3	Y03	填装升降气缸电磁阀
XT2-4	Y04	吸盘吸取电磁阀
XT2-5	Y05	定位气缸电磁阀
XT2-6	Y06	推料气缸A电磁阀
XT2-7	Y07	推料气缸B电磁阀
XT2-8	Y30	圆盘电动机启停
XT1/XT4	PS13+	24 V 电源正极
XT5	PS13-	24 V 电源负极

表 1-2-6　CN320 上料输送带电动机 M1 端子板引脚分配

端　子	线　号	功　能　描　述
1	PS13-	24 V 电源负极
2	PS13+	24 V 电源正极
3	M1+	上料输送带电动机正极
4	M1-	上料输送带电动机负极
5	Y00	上料输送带运行
6	PS13-	24 V 电源负极输出
7	PS13+	24 V 电源正极输出

表 1-2-7　CN321 主输送带电动机 M2 端子板引脚分配

端　子	线　号	功　能　描　述
1	M2+	主输送带电动机正极
2	M2-	主输送带电动机负极
3	Y1	Y1 闭合主输送带运行

续表

端子	线号	功能描述
4	PS13-	24 V 电源负极输入
5	PS13+	24 V 电源正极输入

表 1-2-8　CN322 圆盘电动机 M3 端子板引脚分配

端子	线号	功能描述
1	PS13-	24 V 电源负极
2	PS13+	24 V 电源正极
3	M3+	圆盘电动机正极
4	M3-	圆盘电动机负极
5	Y30	圆盘运行，Y30 闭合
6	PS13-	24 V 电源负极输入
7	PS13+	24 V 电源正极输入

表 1-2-9　XT98 端子板引脚分配

端子	线号	功能描述
01	PS13-	37 针端子板 :0V
02	PS13-	XT99 端子板 :16.2
03	PS13+	37 针端子板 :24 V
04	PS13+	XT99 端子板 :16.1
05	PE	变频电动机 PE
06	PE	XT99 端子板 :PE
07	U	变频电动机 U 相
08	U	变频器 U 相
09	V	变频电动机 V 相
10	V	变频器 V 相
11	W	变频电动机 W 相
12	W	变频器 W 相

2. 传感器元件电路连接与调试

传感器元件电路连接步骤见表 1-2-10，现参照世界技能大赛机电一体化项目工艺接线标准，示范 PLC 和光纤传感器的接线步骤及相关说明。其他光电开关与 PLC 的连接可参考此例进行。

表 1-2-10　传感器元件电路连接步骤

步　骤	图　片	说　明
1. 安装光纤探头		此光纤属于反射型，最大检测距离为 150 mm，安装时可以用导轨安装，先将导轨安装在零件上，再将光纤放大传感器固定在导轨上
2. 将光纤安装到光纤放大器中		光纤在使用时严禁拉伸、压缩或者大幅度弯曲到底
3. 将光纤信号控制线接到桌面接线板上		将光纤信号控制线接在桌面上的接线板上相应端子。棕色接 24 V 正极，蓝色接 24 V 负极，黑色接 X01 端子
4. 将 PLC 的 X01 端接到接线端子上		注意不要将 PLC 的 X1 端接错端子号
5. 光纤传感器的设置		当显示屏上"SET"闪烁时，令工件穿过感应区域，当工件完全穿过感应区域再松开"设置按钮(SET)"，如需微调设定值，按"灵敏度微调按钮"的加减进行调节

3．变频器的接线、参数设置与调试

颗粒上料单元的循环选料装置中使用了一个三相交流电动机，PLC通过变频器控制三相交流电动机的正反转和转速。变频器在使用时需调节参数，见表1-2-11，同时将控制模式设置成外部工作模式。

表 1-2-11　变频器参数设置表

参　数	出　厂　值	设　定　值	含　　义
Pr.79	0	3	外部/PU组合模式
Pr.1	120 Hz	50 Hz	变频器输出频率上限值
Pr.2	0	0	变频器输出频率下限值
Pr.4	60 Hz	50 Hz	变频电动机高速
Pr.5	30 Hz	30 Hz	变频电动机中速
Pr.6	10 Hz	10 Hz	变频电动机低速
Pr.7	5 s	0.1 s	加速时间
Pr.8	5 s	0.1 s	减速时间

任务评价

评分表见表1-2-12，对任务的实施情况进行评价，将评分结果记入评分表中。

表 1-2-12　评分表

评分表 _____学年		工作形式 □个人 □小组分工 □小组		工作时间 _____min	
任务	训练内容		配分	学生自评	教师评分
颗粒上料单元模型接线	根据任务书所列完成每个端子板的接线，缺少一个端子接线扣1分，扣完为止		10		
	导线进入行线槽，每个进线口不得超过2根，分布合理、整齐，单根电线直接进入走线槽且不交叉，出现单口进行超过2根、交叉、不整齐的每处扣每处1分，扣完为止		10		
	每根导线对应一位接线端子，并用线鼻子压牢，不合格每处扣1分，扣完为止		10		
	端子进线部分，每根导线必须套用号码管，不合格每处扣1分，扣完为止		10		
	每个号码管必须进行正确编号，不正确每处扣1分，扣完为止		10		
	扎带捆扎间距为50～80 mm，且同一线路上捆扎间隔相同，不合格每处扣1分，扣完为止		10		
	绑扎带切割不能留余太长，必须小于1 mm且不割手，若不符合要求每处扣1分，扣完为止		10		
	接线端子金属裸露不超过2 mm，不合格每处扣1分，扣完为止		10		
	非同一个活动机构的气路、电路捆扎在一起，每处扣1分，扣完为止		10		

变频器参数设置	外部/PU 组合模式 Pr.79 为 3	10	
	变频电动机高速 Pr.4 为 50 Hz		
	变频电动机中速 Pr.5 为 30 Hz		
	变频电动机低速 Pr.6 为 10 Hz		
	变频器输出频率上限值 Pr.1 为 50 Hz		
合　　计		100	

任务三　颗粒上料单元的程序编写与调试

任务描述

请完成颗粒上料单元控制程序、触摸屏工程设计并进行单机调试，保证能够进行正确运行，以便生产线后期能够实现生产过程自动化。

任务准备

在任务完成时，请检查确认以下几点：

（1）已经完成单元的机械安装、电气接线和气路连接，并确保器件的动作准确无误。

（2）设置变频器参数，能实现单元运行功能即可，但高速不能超过 50 Hz，低速不能低于 10 Hz。

（3）单元运行功能与要求一致。

（4）利用本单元触摸屏进行单站调试运行，包含启动、停止、复位、单周期等。指示灯输入信息为 1 时为绿色，输入信息为 0 时保持灰色。按钮强制输出 1 时为红色，按钮强制输出 0 时为灰色，触摸屏上必须设置一个手动/自动按钮，只有在该按钮被按下，且单元处于"单机"状态，手动强制输出控制按钮有效。

（5）完成控制程序设计。

单元运行功能流程要求：

（1）上电，系统处于"停止"状态。"停止"指示灯亮，"启动"和"复位"指示灯灭。

（2）在"停止"状态下，按下"复位"按钮，该单元复位，复位过程中，"复位"指示灯闪烁（2 Hz），所有机构回到初始位置。复位完成后，"复位"指示灯常亮，"启动"和"停止"指示灯灭。"运行"或"复位"状态下，按"启动"按钮无效。

（3）在"复位"就绪状态下，按下"启动"按钮，单元启动，"启动"指示灯亮，"停止"和"复位"指示灯灭。

（4）推料气缸 A 推出三颗白色物料。

（5）颗粒上料机构启动高速运行，变频器以 50 Hz 频率输出。

（6）当白色物料到达取料位后，颗粒到位检测传感器动作，颗粒上料机构停止。

（7）填装机构下降。

(8) 吸盘打开,吸住物料。

(9) 填装机构上升。

(10) 填装机构转向装料位。

(11) 在第(4)步开始的同时,圆盘输送机构开始转动,上料输送带与主输送带同时启动,当圆盘空瓶到位检测传感器检测到空瓶时,圆盘输送机构停止,上料输送带将空瓶输送到主输送带,上料检测传感器感应到空瓶,上料输送带停止。

(12) 当颗粒填装位检测传感器检测到空瓶,并等待空瓶到达填装位时,填装定位气缸伸出,将空瓶固定。

(13) 当第(10)步和第(12)步都完成后,填装机构下降。

(14) 填装机构下降到吸盘填装限位开关感应到位后,吸盘关闭,物料顺利放入瓶子,无任何碰撞现象。

(15) 填装机构上升。

(16) 填装机构转向取料位。

(17) 当瓶子装满三颗白料。

(18) 填装定位气缸缩回。

(19) 将瓶子输送到下一工位。

(20) 循环进入第(6)步,进行下一个瓶子的填装。

(21) 在任何启动运行状态下,按下"停止"按钮,若当前填装机构吸有物料,则应在完成第(15)步后停止,否则立即停止,所有机构不工作,"停止"指示灯亮,"启动"和"复位"指示灯灭。

1. 确定PLC的I/O分配表

颗粒上料单元I/O地址功能分配见表1-3-1。

表1-3-1 颗粒上料单元I/O地址功能分配表

序号	名称	功能描述	备注
1	X00	上料传感器感应到物料,X00闭合	
2	X01	颗粒填装位感应到物料,X01闭合	
3	X04	检测到料筒A有物料,X04闭合	
4	X05	检测到料筒B有物料,X05闭合	
5	X06	输送带取料位检测到物料,X06闭合	
6	X07	填装定位气缸后限位感应,X07闭合	
7	X10	按下启动按钮,X10闭合	
8	X11	按下停止按钮,X11闭合	
9	X12	按下复位按钮,X12闭合	

续表

序 号	名 称	功 能 描 述	备 注
10	X13	按下联机按钮，X13 闭合	
11	X14	填装升降气缸上限位感应，X14 闭合	
12	X15	填装升降气缸下限位感应，X15 闭合	
13	X20	吸盘填装限位感应，X20 闭合	
14	X21	推料气缸 A 后限位感应，X21 闭合	
15	X22	推料气缸 B 后限位感应，X22 闭合	
16	X23	填装旋转气缸左限位感应，X23 闭合	
17	X24	填装旋转气缸右限位感应，X24 闭合	
18	X25	圆盘空瓶到位检测，X25 闭合	
19	Y00	Y00 闭合上料输送带运行	
20	Y01	Y01 闭合主输送带运行	
21	Y02	Y02 闭合填装旋转气缸旋转	
22	Y03	Y03 闭合填装升降气缸下降	
23	Y04	Y04 闭合吸盘拾取	
24	Y05	Y05 闭合定位气缸伸出	
25	Y06	Y06 闭合推料气缸 A 推料	
26	Y07	Y07 闭合推料气缸 B 推料	
27	Y10	Y10 闭合启动指示灯亮	
28	Y11	Y11 闭合停止指示灯亮	
29	Y12	Y12 闭合复位指示灯亮	
30	Y23	Y23 闭合变频电动机正转	
31	Y24	Y24 闭合变频电动机反转	
32	Y25	Y25 闭合变频电动机高速挡	
33	Y26	Y26 闭合变频电动机中速挡	
34	Y27	Y27 闭合变频电动机低速挡	
35	Y30	Y30 闭合圆盘电动机运行	

2. 设计程序流程图

本单元程序按功能划分为多个模块，包括主程序流程图如图 1-3-1 所示，空瓶上料输送程序流程图如图 1-3-2 所示，颗粒上料程序流程图如图 1-3-3 所示，颗粒填装程序流程图如图 1-3-4 所示。将程序分成多个模块后，编程思路更为清晰，调试更为方便。在编程时可分别编出各个子程序，并且将各个子程序调试完成之后再进行组合，最终使整个单元

1-11- 颗粒上料单元完整程序

的程序完整。颗粒上料单元完整程序,请扫描二维码查看。

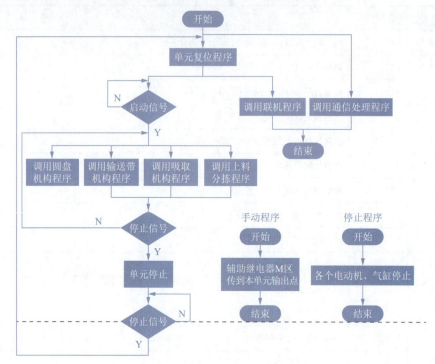

图 1-3-1 主程序流程图

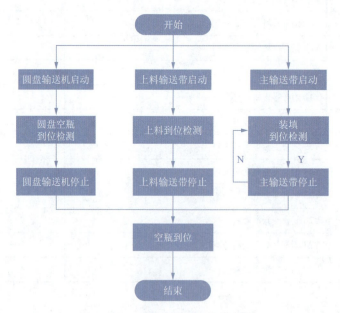

图 1-3-2 空瓶上料输送程序流程图

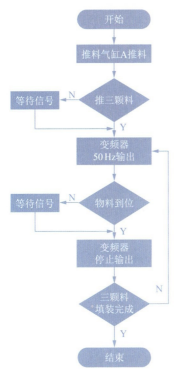

图 1-3-3　颗粒上料程序流程图

图 1-3-4　颗粒填装程序流程图

3. 设计触摸屏画面

颗粒上料单元组态画面，如图 1-3-5 所示。指示灯输入信息为 1 时为绿色，输入信息为 0 时保持灰色。按钮强制输出 1 时为红色，按钮强制输出 0 时为灰色，触摸屏上必须设置一个手动/自动按钮，只有在该按钮被按下，且单元处于"单机"状态，手动强制输出控制按钮有效。

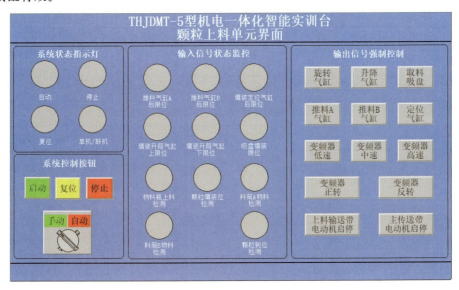

图 1-3-5　颗粒上料单元组态画面

素养拓展2-工匠精神之耐心专注

4．触摸屏和PLC联机调试

请完成触摸屏和PLC联机调试。颗粒上料单元监控画面数据监控表，见表1-3-2。

表1-3-2　颗粒上料单元监控画面数据监控表

序号	名称	类型	功能说明
1	吸盘填装限位	位指示灯	吸盘填装限位指示灯
2	推料气缸A后限位	位指示灯	推料气缸A后限位指示灯
3	推料气缸B后限位	位指示灯	推料气缸B后限位指示灯
4	启动	位指示灯	启动状态指示灯
5	停止	位指示灯	停止状态指示灯
6	复位	位指示灯	复位状态指示灯
7	单机/联机	位指示灯	单机/联机状态指示灯
8	物料瓶上料检测	位指示灯	物料瓶上料检测指示灯
9	颗粒填装位检测	位指示灯	颗粒填装位检测指示灯
10	料筒A物料检测	位指示灯	料筒A物料检测指示灯
11	料筒B物料检测	位指示灯	料筒B物料检测指示灯
12	颗粒到位检测	位指示灯	颗粒到位检测指示灯
13	填装定位气缸后限位	位指示灯	填装定位气缸后限位指示灯
14	填装升降气缸上限位	位指示灯	填装升降气缸上限位指示灯
15	填装升降气缸下限位	位指示灯	填装升降气缸下限位指示灯
16	上料输送带电动机启停	标准按钮	上料输送带电动机启停手动输出
17	主输送带电动机启停	标准按钮	主输送带电动机启停手动输出
18	旋转气缸	标准按钮	旋转气缸电磁阀手动输出
19	升降气缸	标准按钮	升降气缸电磁阀手动输出
20	取料吸盘	标准按钮	取料吸盘电磁阀手动输出
21	定位气缸	标准按钮	定位气缸电磁阀手动输出
22	推料气缸A	标准按钮	推料气缸A电磁阀手动输出
23	推料气缸B	标准按钮	推料气缸B电磁阀手动输出
24	变频电动机正转	标准按钮	变频电动机正转手动输出
25	变频电动机反转	标准按钮	变频电动机反转手动输出
26	变频电动机高速	标准按钮	变频电动机高速手动输出
27	变频电动机中速	标准按钮	变频电动机中速手动输出

续表

序号	名称	类型	功能说明
28	变频电动机低速	标准按钮	变频电动机低速手动输出
29	手动/自动	开关	手动/自动模式切换
30	启动	标准按钮	与实体启动按钮功能相同
31	停止	标准按钮	与实体停止按钮功能相同
32	复位	标准按钮	与实体复位按钮功能相同

任务评价

评分表见表1-3-3，对任务的实施情况进行评价，将评分结果记入评分表中。

表1-3-3 评分表

评分表 _____学年	工作形式 □个人 □小组分工 □小组		工作时间 _____min	
任务	训练内容	配分	学生自评	教师评分
颗粒上料单元的程序编写与调试——运行功能测试	(1) 上电，系统处于"停止"状态。"停止"指示灯亮，"启动"和"复位"指示灯灭	2		
	(2) 在"停止"状态下，按下"复位"按钮，该单元复位，复位过程中：			
	①"复位"指示灯闪烁（2 Hz）	2		
	② 所有机构回到初始位置	2		
	③ 复位完成后，"复位"指示灯常亮，"启动"和"停止"指示灯灭	2		
	④"运行"或"复位"状态下，按"启动"按钮无效。	2		
	(3) 在"复位"就绪状态下，按下"启动"按钮，单元启动，"启动"指示灯亮，"停止"和"复位"指示灯灭	2		
	(4) 推料气缸A推出三颗白色物料，出现卡料不得分	6		
	(5) 输送带启动高速运行，变频器以50 Hz频率输出	2		
	(6) 当白色物料到达取料位后，颗粒到位检测传感器动作，颗粒上料机构输送带停止	2		
	(7) 填装机构下降	2		
	(8) 吸盘打开，吸住物料	2		
	(9) 填装机构上升	2		
	(10) 填装机构转向装料位	2		
	(11) 在第（4）步开始的同时：			
	① 圆盘输送机构开始转动	2		
	② 上料输送带与主输送带同时启动	2		

颗粒上料单元的程序编写与调试——运行功能测试	③当圆盘空瓶到位检测传感器检测到空瓶时，圆盘输送机构停止，出现一次多个空瓶上料不得分	2		
	④上料输送带将空瓶输送到主输送带，上料检测传感器感应到空瓶，上料输送带停止，出现空瓶翻倒不得分	2		
	(12) 当颗粒填装位检测传感器检测到空瓶，并等待空瓶到达填装位时填装定位气缸伸出，将空瓶固定	2		
	(13) 当第 (10) 步和第 (12) 都完成后，填装机构下降	2		
	(14) 填装机构下降到吸盘填装限位开关感应到位后：			
	①吸盘关闭	2		
	②物料顺利放入瓶子，出现碰撞、掉料不得分	2		
	(15) 填装机构上升	2		
	(16) 填装机构转向取料位	2		
	(17) 瓶子装满三颗白色物料	6		
	(18) 填装定位气缸缩回	4		
	(19) 瓶子输送到下一工位	2		
	(20) 循环进入第 (4) 步，进行下一个瓶子的填装	4		
	(21) 在任何启动运行状态下，按下"停止"按钮：			
	①若当前填装机构吸有物料，则应在完成第 (15) 步后停止，否则立即停止，所有机构不工作	4		
	②操作面板和触摸屏上的"停止"指示灯亮，"启动"指示灯灭，"复位"指示灯灭	4		
颗粒上料单元的程序编写与调试——触摸屏功能测试	触摸屏界面上有无"颗粒上料单元界面"字样	4		
	触摸屏画面有无错别字，每错1个字扣0.5分，扣完为止	5		
	布局画面是否符合任务书要求，不符合扣1分	1		
	15个指示灯有且功能正确；1个指示灯缺失或功能不正确扣0.5分，扣完为止	8		
	16个按钮和1个开关全有且功能正确；1个按钮缺失或功能不正确扣0.5分，扣完为止	8		
合　　计		100		

▶ 任务四　颗粒上料单元的故障排除

任务描述

　　本任务是依据颗粒上料单元与检测分拣单元的控制功能要求、机械机构图样、电气接

线图样规定的I/O分配表安装要求等,对单元进行运行调试,排除电气线路及元器件等故障,确保单元内电路、气路及机械机构能正常运行;并将故障现象描述、故障部件分析、故障排除步骤填写到"排除故障操作记录卡"中。

常见故障及排除方法

(1) 直观检查法

直观检查法是指不用任何仪器仪表,利用人的视觉、听觉、嗅觉和触觉来查找故障的方法。直观检查包括不通电检查和通电观察。检查各元器件的外观是否良好,有无烧焦或裂痕;导线有无断线或者绝缘损坏;电源电压的极性是否接反;继电器线圈或常开常闭触点是否错接;各接线端子是否接触正常。

(2) 电阻法

在断电条件下,根据电路原理图,用万用表电阻挡测量电路电阻,以发现故障部位或者故障元件。如果电路是通路或者是等电位点,电阻值应该是0Ω;反之,电阻值是无穷大。一般用于检查电路中连线是否正确;电气元件各端子是否虚连。

(3) 电压法

在设备通电状态下,用万用表直流电压挡或者交流电压挡,根据电路原理图检查各相应点的对地直流电压值或者交流电压值。

测量电压时,注意选择电压表量程,要大于预估的电压值。在检查交流电压时要注意安全,不要触碰金属导体,避免触电。

1. 故障一

认真观察故障现象,分析故障原因,撰写故障分析流程,填写排除故障操作记录卡,见表1-4-1。

表1-4-1 排除故障操作记录卡(1)

故障现象	物料瓶运行到装料位置后,定位气缸不动
故障分析	
故障排除	

2. 故障二

认真观察故障现象,分析故障原因,撰写故障分析流程,填写排除故障操作记录卡,见表1-4-2。

表 1-4-2　排除故障操作记录卡（2）

故障现象	物料到达装料位置后，物料填装机构不动
故障分析	
故障排除	

3. 故障三

认真观察故障现象，分析故障原因，撰写故障分析流程，填写排除故障操作记录卡，见表 1-4-3。

表 1-4-3　排除故障操作记录卡（3）

故障现象	物料瓶无法顺利推送至输送带
故障分析	
故障排除	

任务评价

评分表见表 1-4-4，设置 5 个故障，根据评分表要求进行评价，将评分结果记入评分表中。

表 1-4-4　评分表

评分表 _____学年		工作形式 □个人 □小组分工 □小组		工作时间 _____min	
任务	训练内容		配分	学生自评	教师评分
颗粒上料单元的故障检修	每个故障现象描述记录准确	每个故障点与故障现象记录准确，每缺少 5 个或错误一个扣 5 分，扣完为止	25		
	故障原因分析正确	错误或未查找出故障原因等，错误每次扣 5 分，扣完为止	25		
	故障排除合理	解决思路描述不合理、故障点描述本身错误或未查找出故障等每次扣 5 分，扣完为止	50		
	合　　计		100		

机电一体化项目

加盖拧盖单元的安装与调试

知识目标
(1) 了解加盖拧盖单元的安装、运行过程。
(2) 熟悉本单元直流电动机的选用和工作原理。
(3) 掌握本单元控制线路的工作原理及常见故障分析及检修。
(4) 了解现场管理知识、安全规范及产品检验规范。

能力目标
(1) 会使用电工仪器工具,对本单元进行线路通断、线路阻抗的检测和测量。
(2) 能对本单元电气元件——传感器、气动阀、显示元件进行单点故障分析和排查。
(3) 能够分析加盖拧盖单元自动化控制要求,提出自动线PLC编程解决方案,会开展自动线系统的设计、调试工作。

素质目标
(1) 通过对机电一体化设备设计和故障排查,培养解决困难的耐心和决心,遵守工程项目实施的客观规律,培养严谨科学的学习态度。
(2) 通过小组实施分工,具备良好的团队协作和组织协调能力,培养工作实践中的团队精神;通过按照自动化国家标准和行业规范,开展任务实施,培养学生质量意识、绿色环保意识、安全用电意识。
(3) 通过实训室6S管理,培养学生具备清理、清洁、整理、整顿、素养、安全的职业素养。

项目情境

2-1-加盖拧盖单元运行视频

加盖拧盖单元(见图2-0-1)控制挂板的安装与接线已经完成,现需要利用客户采购回来的器件及材料,完成加盖拧盖单元模型机构组装,并在该单元型材桌面上安装机构模块、接气管,保证模型机构能够正确运行,系统符合专业技术规范。按任务要求在规定时间内完成本生产线的装调,以便生产线后期能够实现生产过程自动化。

图 2-0-1 加盖拧盖单元整机图

任务一 加盖拧盖单元的机械构件组装与调整

任务描述

请根据图样资料,完成加盖拧盖单元的主输送带模块、加盖模块、拧盖模块、备用瓶盖料仓模块的部件安装和气路连接,并根据各机构间的相对位置将其安装在本单元的工作台上。

任务准备

1. 模块分解图

加盖拧盖单元模块分解,如图 2-1-1 所示。

项目二 加盖拧盖单元的安装与调试

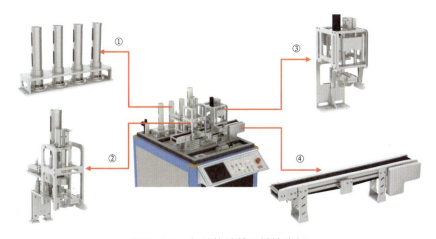

图 2-1-1 加盖拧盖单元模块分解
①—备用瓶盖料仓模块；②—加盖模块；③—拧盖模块；④—主输送带模块

2. 各机构初始状态

各机构初始状态，见表 2-1-1。

表 2-1-1 加盖拧盖单元各机构初始状态

主输送带模块	加盖模块	拧盖模块
① 主输送带停止	① 加盖伸缩气缸缩回	① 拧盖升降气缸上升
② 加盖定位气缸缩回	② 加盖升降气缸上升	② 拧盖电动机停止
③ 拧盖定位气缸缩回	③ 推料气缸 B 缩回	
	④ 升降底座气缸上升	

3. 桌面布局图

将组装好的主输送带模块、加盖模块、拧盖模块按照合适的位置安装到型材桌面上，组成加盖拧盖单元的机械结构，桌面布局及尺寸如图 2-1-2 所示。

4. 常用气动元件

常用气动元件有气缸、电磁阀等元件，气缸是气动系统中的执行元件，它的功能是将气体的压力能转换为机械能，输入的是气体的压力，输出的是执行元件的运动速度和力。本实训考核装置中推料和加盖升降气缸使用的是单杆气缸，其余气缸是双杆气缸。

方向控制阀是能改变气体流动方向或通断的控制阀，又称电磁阀。如向气缸一端进气，并从另一端排气，再反过来，从另一端进气，一端排气，这种流动方向的改变，便要使用方向控制阀。控制方式有电磁控制、气压控制、人力控制、机械控制等多种类型。

请扫描二维码了解常用气动元件。

拓展阅读 4-精品气动元件生产者

2-2-常用气动元件

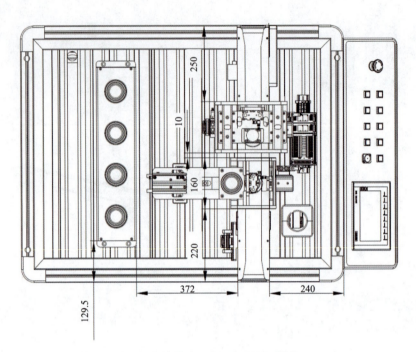

图 2-1-2　加盖拧盖单元桌面布局图（单位：mm）

5. 材料及工具清单

项目二任务一的耗材及工具清单，见表 2-1-2。

表 2-1-2　耗材及工具清单表

任务编号	2.1		任务名称	加盖拧盖单元的机械构件组装与调整
设备名称	机电一体化智能实训平台		实施地点	
设备系统	汇川／三菱		实训学时	4学时
参考文件	机电一体化智能实训平台使用手册			
工具／设备／耗材				

	名称	规格型号	单位	数量
工具	内六角扳手		套	1
	螺丝刀		把	2
	安全锤		把	1
	刻度尺		把	2
设备	直流电动机	欧邦 ZYT05FB-24-1800	台	2
耗材	15针端子板		个	3
	普通平键A型	4×4×20	个	50
	圆柱头螺钉	M4×25	个	100

项目二 加盖拧盖单元的安装与调试

2-3- 加盖拧盖单元的安装

任务实施

1. 加盖拧盖单元机械安装

加盖拧盖单元各模块的安装步骤，见表 2-1-3。

表 2-1-3 加盖拧盖单元的安装步骤

模 块 名 称	模块效果图	注 意 事 项
加盖模块 2-4- 加盖模块		注意出气孔和进气孔方向一侧对着底板的长度一侧；同时注意保证两者的同轴度
拧盖模块 2-5- 拧盖模块		注意所有 M4×10 不能拧紧，滑块整体调试顺畅后再拧紧
料筒库模块 2-6- 料筒库模块		注意最后将装配好的料筒沿着顶板上 $\phi70$ 孔插入定位座即可
主输送带模块 2-7- 主输送线模块		注意保证支撑板上的工艺孔方向统一

2. 加盖拧盖单元气路安装

（1）气路连接图

根据该单元的气路连接图（见图 2-1-3），完成该机构执行元件的电气连接和气路连接，确保各气缸运行顺畅、平稳和电气元件的功能正确。

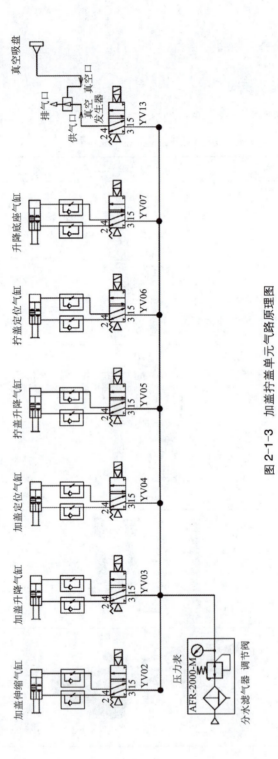

图 2-1-3 加盖拧盖单元气路原理图

(2) 加盖拧盖单元气路调试

打开气源，利用小一字螺丝刀对气动电磁阀的测试旋钮进行操作，按下测试旋钮，气缸状态发生改变即为气路连接正确。调试内容同项目一。

(3) 加盖装置的调试

将一个无盖的物料瓶放在加盖位，如图 2-1-4 所示，锁住加盖定位气缸电磁阀，调整加盖伸缩与升降气缸安装位置，保证瓶盖垂直压在物料瓶正中心。调整各个气缸磁性开关的位置，加盖装置调试完成。

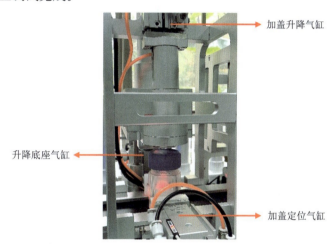

图 2-1-4　加盖装置调试图

(4) 拧盖装置的调试

将一个加盖完成的物料瓶放在拧盖位，锁住拧盖定位气缸电磁阀，调整拧盖升降气缸的高度，保证气缸能在有效的行程内拧紧瓶盖。手动启动拧盖电动机，根据电动机的转速与物料瓶螺纹的高度，估算出拧紧瓶盖所需要的时间，拧盖装置调试完成。

任务评价

评分表见表 2-1-4，对任务的实施情况进行评价，将评分结果记入评分表中。

表 2-1-4　评分表

评分表 _____学年		工作形式 □个人□小组分工□小组	工作时间 _____min	
任务	训练内容	配分	学生自评	教师评分
加盖拧盖单元的机械构件组装与调整	主输送带模块零件齐全，零件安装部位正确；缺少零件，零件安装部位不正确，每处扣 1 分	10		
	加盖模块零件齐全，零件安装部位正确；缺少零件，零件安装部位不正确，每处扣 1 分	10		
	拧盖模块零件齐全，零件安装部位正确；缺少零件，零件安装部位不正确，每处扣 1 分	10		
	加盖模块、拧盖模块升降卡顿，每处扣 5 分	10		

加盖拧盖单元的机械构件组装与调整	各模块机构固定螺钉紧固,无松动;固定螺钉松动,每处扣1分,扣完为止	10	
	输送线型材主体与脚架立板垂直;不成直角,每处扣1分,扣完为止	10	
	各模块机构齐全,模块在桌面前后方向定位尺寸与布局图给定标准尺寸误差不超过 ±3 mm,超过不得分;每错漏1处扣2分,共6处,扣完为止	12	
	使用扎带绑扎气管,扎带间距小于60 mm,均匀间隔,剪切后扎带长度≤1 mm,1处不符合要求扣1分	10	
	气源二联件压力表调节到 0.4～0.5 MPa	6	
	气路测试,人工用小一字螺丝刀点击电磁阀测试按钮,检查气动连接回路是否正常,有无漏气现象,回路不正常或有漏气现象每处扣2分,共6个气缸,扣完为止	12	
	合　　　计	100	

任务二　加盖拧盖单元的电气连接与调试

任务描述

请完成该单元中如下连接与调试：
(1) 各接线端子电路的连接。
(2) 传感器元件电路连接与调试。
(3) 变频器的接线、参数设置与调试。

任务准备

1. 常用传感器介绍

2-8- 常用传感器

传感器能够在人达不到的地方,起到人的耳目作用,而且还能超越人的生理界限,接收人的感官所感受不到的外界信息。它具有体积小、质量小、抗电磁干扰、防腐蚀、灵敏度很高、测量带宽很宽、检测电子设备与传感器可以间隔很远、使用寿命长等优点,应用越来越广泛。

常见的传感器有光电传感器、磁性开关、光纤传感器等,请扫描二维码,了解它们的工作原理及使用注意事项。

2. 直流电动机介绍

(1) 直流电动机是将直流电能转换为机械能的设备,因其良好的调速性能而在电力拖动中得到广泛应用,直流电动机按励磁方式分为永磁、他励和自励三类。本单元用到的直流电动机为 24 V 小功率永磁直流电动机，主要用于输送带的驱动，通过 PLC 及直流电动机控制板进行正反转控制。

（2）PLC 将信号接到直流电动机控制板上，从而控制电动机的正反转，直流电动机控制板电路原理图如图 2-2-1 所示。根据电路原理图，默认状态下继电器 K1、K2 都是处于失电状态，当按下测试按钮，继电器 K2 得电，直流电动机电源两端 M+、M- 分别为 24 V、0 V，直流电动机正转；当 XT1 端子的 1 号端子正转信号有效时，K2 得电，电动机正转；当 XT1 端子的 2 号端子反转信号有效时，K1 得电，电动机反转。

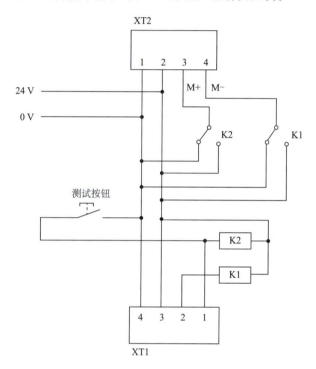

图 2-2-1　直流电动机控制板电路原理图

3．电气原理图

加盖拧盖单元电气原理图，以三菱系统为例，如图 2-2-2 所示。汇川系统电气原理图请扫描二维码查看。

4．材料及工具清单

项目二任务二的耗材及工具清单，见表 2-2-1。

2-9- 加盖拧盖单元汇川系统电气原理图

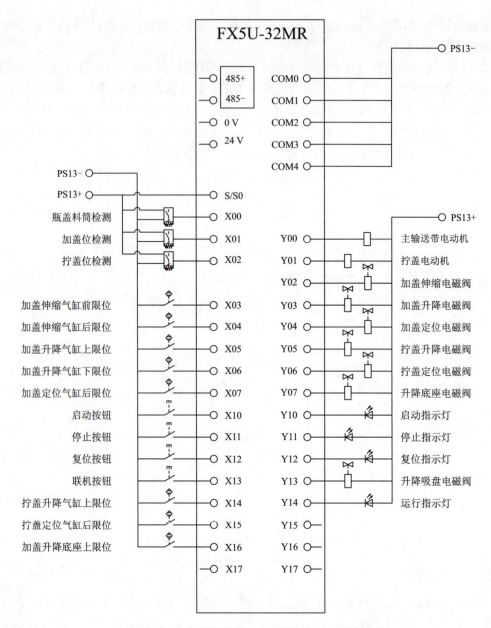

图 2-2-2 加盖拧盖单元电气原理图（三菱系统）

表 2-2-1 耗材及工具清单表

任务编号	2.2	任务名称	加盖拧盖单元的电气连接与调试
设备名称	机电一体化智能实训平台	实施地点	
设备系统	汇川/三菱	实训学时	4学时
参考文件	机电一体化智能实训平台使用手册		
工具/设备/耗材			

	名称	规格型号	单位	数量
工具	螺丝刀		把	2
	剪刀		把	1
	刻度尺		把	1
	压线钳		把	1
	自动剥线钳		把	1
设备	万用表		台	2
	线号管打印机		台	2
	空气压缩机		台	1
耗材	气管		米	5
	热缩管		米	1
	导线		米	10
	接线端子		个	200
	光电传感器	EE-SX951-W	个	10
	高精度光纤传感器	FM-E31	个	10
	冷压接线鼻子		个	50
	扎带		条	50
	电磁阀	7V0510M5B050	个	5
	37针端子板		个	2
	磁性开关	CMS G-020	个	5

任务实施

1. 端子板连接

请完成加盖拧盖单元台面上，CN300端子板接线，引脚分配见表2-2-2；完成CN301端子板接线，引脚分配见表2-2-3；完成CN302端子板接线，引脚分配见表2-2-4；完成CN310桌面37针端子板接线，引脚分配见表2-2-5；完成CN320输送带电动机M1端子板接线，引脚分配见表2-2-6；完成CN321拧盖电动机M2端子板接线，引脚分配见表2-2-7；完成XT98端子板接线，引脚分配见表2-2-8。

表2-2-2 CN300加盖模块端子板引脚分配表

端　子	线　号	功　能　描　述
XT3-0	X00	瓶盖料筒检测传感器
XT3-1	X03	加盖伸缩气缸前限位
XT3-2	X04	加盖伸缩气缸后限位

续表

端子	线号	功能描述
XT3-3	X05	加盖升降气缸上限位
XT3-4	X06	加盖升降气缸下限位
XT3-5	Y02	加盖伸缩气缸电磁阀
XT3-6	Y03	加盖升降气缸电磁阀
XT3-7	X16	加盖升降底座上限位
XT3-8	Y07	加盖升降底座电磁阀
XT3-9	Y13	升降吸盘电磁阀
XT2	PS13+	24 V 电源正极
XT1	PS13-	24 V 电源负极

表 2-2-3　CN301 输送带模块端子板引脚分配

端子	线号	功能描述
XT3-0	X01	加盖位检测传感器
XT3-1	X02	拧盖位检测传感器
XT3-2	X07	加盖定位气缸后限位
XT3-3	X15	拧盖定位气缸后限位
XT3-5	Y04	加盖定位气缸电磁阀
XT3-6	Y06	拧盖定位气缸电磁阀
XT2	PS13+	24 V 电源正极
XT1	PS13-	24 V 电源负极

表 2-2-4　CN302 拧盖模块端子板引脚分配

端子	线号	功能描述
XT3-0	X14	拧盖升降气缸上限位
XT3-5	Y05	拧盖升降气缸电磁阀
XT2	PS13+	24 V 电源正极
XT1	PS13-	24 V 电源负极

表 2-2-5　CN310 桌面 37 针端子板引脚分配

端子	线号	功能描述
XT3-0	X00	瓶盖料筒检测传感器
XT3-1	X01	加盖位检测传感器

续表

端　子	线　号	功　能　描　述
XT3-2	X02	拧盖位检测传感器
XT3-3	X03	加盖伸缩气缸前限位
XT3-4	X04	加盖伸缩气缸后限位
XT3-5	X05	加盖升降气缸上限位
XT3-6	X06	加盖升降气缸下限位
XT3-7	X07	加盖定位气缸后限位
XT3-12	X14	拧盖升降气缸上限位
XT3-13	X15	拧盖定位气缸后限位
XT3-14	X16	加盖升降底座上限位
XT2-0	Y00	输送带启停
XT2-1	Y01	拧盖电动机启停
XT2-2	Y02	加盖伸缩气缸电磁阀
XT2-3	Y03	加盖升降气缸电磁阀
XT2-4	Y04	加盖定位气缸电磁阀
XT2-5	Y05	拧盖升降气缸电磁阀
XT2-6	Y06	拧盖定位气缸电磁阀
XT2-7	Y07	加盖升降底座电磁阀
XT2-8	Y13	升降吸盘电磁阀
XT1/XT4	PS13+	24 V 电源正极
XT5	PS13-	24 V 电源负极

表 2-2-6　CN320 输送带电动机 M1 端子板引脚分配

端　子	线　号	功　能　描　述
1	PS13-	24 V 电源负极
2	PS13+	24 V 电源正极
3	M+	输送带电动机正极
4	M-	输送带电动机负极
5	Y00	Y00 闭合输送带电动机运行
6	PS13-	24 V 电源负极输出
7	PS13+	24 V 电源正极输出

表 2-2-7　CN321 拧盖电动机 M2 端子板引脚分配

端子	线号	功能描述
1	PS13-	24 V 电源负极
2	PS13+	24 V 电源正极
3	M+	拧盖电动机正极
4	M-	拧盖电动机负极
5	Y1	Y1 闭合拧盖电动机运行
6	PS13-	24 V 电源负极输入
7	PS13+	24 V 电源正极输入

表 2-2-8　XT98 端子板引脚分配

端子	线号	功能描述
01	PS13-	CN320 端子板 :0 V
02	PS13-	XT99 端子板 :16.2
03	PS13+	CN320 端子板 :24 V
04	PS13+	XT99 端子板 :16.1
05	PE	XT99 端子板 :PE

2．传感器元件电路连接与调试

各类输入输出元件的连接方法与前一项目颗粒上料单元类似，在此不再赘述。

任务评价

评分表见表 2-2-9，对任务的实施情况进行评价，将评分结果记入评分表中。

表 2-2-9　评分表

评分表 _____学年		工作形式 □个人□小组分工□小组		工作时间 _____min	
任务	训练内容		配分	学生自评	教师评分
加盖拧盖单元的电气连接与调试	根据任务书所列完成每个端子板的接线，缺少一个端子接线扣1分，扣完为止		14		
	导线进入行线槽，每个进线口不得超过 2 根，分布合理、整齐，单根电线直接进入走线槽且不交叉，出现单口进行超过 2 根、交叉、不整齐的每处扣每处 2 分，扣完为止		12		
	每根导线对应一位接线端子，并用线鼻子压牢，不合格每处扣 1 分，扣完为止		12		
	端子进线部分，每根导线必须套用号码管，不合格每处扣 1 分，扣完为止		10		

	每个号码管必须进行正确编号，不正确每处扣1分，扣完为止	12		
加盖拧盖单元的电气连接与调试	扎带捆扎间距为50～80 mm，且同一线路上捆扎间隔相同，不合格每处扣2分，扣完为止	10		
	绑扎带切割不能留余太长，必须小于1 mm且不割手，若不符合要求每处扣2分，扣完为止	10		
	接线端子金属裸露不超过2 mm，不合格每处扣1分，扣完为止	10		
	非同一个活动机构的气路、电路捆扎在一起，每处扣1分，扣完为止	10		
合　　计		100		

任务三　加盖拧盖单元的程序编写与调试

任务描述

请完成加盖拧盖单元控制程序、触摸屏工程设计并进行单机调试，保证能够进行正确运行，以便生产线后期能够实现生产过程自动化。

任务准备

在任务完成时，请检查确认以下几点：

（1）已经完成单元的机械安装、电气接线和气路连接，并确保器件的动作准确无误。

（2）单元运行功能与要求一致。

（3）根据任务书提供的监控画面数据监控表设计触摸屏画面，利用本单元触摸屏进行单站调试运行，包含启动、停止、复位、单周期等。画面颜色分配和触摸屏"手动/自动按钮"要求同颗粒上料单元组态画面。

单元运行功能流程要求：

（1）上电，设备任一部件不在初始位置，系统自动复位。

（2）或者系统处于停止状态下，按下"复位"按钮系统自动复位。其他运行状态下按此按钮无效。

（3）"复位"指示灯（黄色灯，下同）闪亮显示。

（4）"停止"指示灯（红色灯，下同）灭。

（5）"启动"指示灯（绿色灯，下同）灭。

（6）所有部件回到初始位置。

（7）"复位"指示灯长亮，系统进入就绪状态。

单元启动控制：

（1）系统在就绪状态按"启动"按钮，单元进入运行状态，而停止状态下按此按钮无效。

（2）"启动"指示灯亮，"复位"指示灯灭。

（3）主输送带启动运行。

(4) 手动将无盖物料瓶放置到该单元起始端。

(5) 当加盖位检测传感器检测到有物料瓶，并等待物料瓶运行到加盖工位下方时，输送带停止。

(6) 加盖定位气缸推出，将物料瓶准确固定。

(7) 如果加盖机构内无瓶盖，即瓶盖料筒检测传感器无动作，加盖机构不动作。

① 手动将瓶盖放入后，瓶盖料筒检测传感器感应到瓶盖。

② 瓶盖料筒检测传感器动作。

③ 加盖机构开始运行，继续第（8）步动作。

(8) 如果加盖机构有瓶盖，瓶盖料筒检测传感器动作，升降底座下降。加盖伸缩气缸推出，将瓶盖推到落料口，加盖伸缩气缸缩回。

(9) 加盖升降气缸伸出，将瓶盖压下。

(10) 瓶盖准确落在物料瓶上，无偏斜。

(11) 升降底座上升。

(12) 加盖升降气缸缩回。

(13) 加盖定位气缸缩回。

(14) 主输送带启动。

(15) 当拧盖位检测传感器检测到有物料瓶，并等待物料瓶运行到拧盖工位下方时，输送带停止。

(16) 拧盖定位气缸推出，将物料瓶准确固定。

(17) 拧盖升降气缸下降，拧盖电动机开始旋转。

(18) 瓶盖完全被拧紧，拧盖电动机停止运行。

(19) 拧盖升降气缸缩回。

(20) 拧盖定位气缸缩回。

(21) 主输送带启动。

(22) 当物料瓶输送到主输送带末端后，人工拿走物料瓶。重复第（5）～（22）步，直到四个物料瓶与四个瓶盖用完为止，每次循环内，任何一步动作失误，该步都不得分。

单元停止控制：

(1) 系统在运行状态按"停止"按钮，单元立即停止，所有机构不工作。

(2) "停止"指示灯亮；"运行"指示灯灭。

任务实施

1. 确定PLC的I/O分配表

加盖拧盖单元I/O地址功能分配见表2-3-1。

表 2-3-1　加盖拧盖单元 I/O 分配表

序 号	名 称	功能描述	备 注
1	X00	瓶盖料筒感应到瓶盖，X00 闭合	
2	X01	加盖位传感器感应到物料，X01 闭合	
3	X02	拧盖位传感器感应到物料，X02 闭合	
4	X03	加盖伸缩气缸伸出前限位感应，X03 闭合	
5	X04	加盖伸缩气缸缩回后限位感应，X04 闭合	
6	X05	加盖升降气缸上限位感应，X05 闭合	
7	X06	加盖升降气缸下限位感应，X06 闭合	
8	X07	加盖定位气缸后限位感应，X07 闭合	
9	X10	按下启动按钮，X10 闭合	
10	X11	按下停止按钮，X11 闭合	
11	X12	按下复位按钮，X12 闭合	
12	X13	按下联机按钮，X13 闭合	
13	X14	拧盖升降气缸上限位感应，X14 闭合	
14	X15	拧盖定位气缸后限位感应，X15 闭合	
15	X16	加盖升降底座上限位感应，X16 闭合	
16	Y00	Y0 闭合，主输送带正向运行	
17	Y01	Y01 闭合，拧盖电动机运行	
18	Y02	Y02 闭合，加盖伸缩气缸伸出	
19	Y03	Y03 闭合，加盖升降气缸下降	
20	Y04	Y04 闭合，加盖定位气缸伸出	
21	Y05	Y05 闭合，拧盖升降气缸下降	
22	Y06	Y06 闭合，拧盖定位气缸伸出	
23	Y07	Y07 闭合，升降底座气缸下降	
24	Y10	Y10 闭合，启动指示灯亮	
25	Y11	Y11 闭合，停止指示灯亮	
26	Y12	Y12 闭合，复位指示灯亮	
27	Y13	Y13 闭合，升降吸盘吸气	

2．设计程序流程图

本单元程序按功能划分为多个模块，包括主程序流程图，如图 2-3-1 所示；启动程序流程图，如图 2-3-2 所示，加盖程序流程图，如图 2-3-3 所示，拧盖程序流程图，如图 2-3-4

所示。将程序分成多个模块后,编程思路更为清晰,调试更为方便。在编程时可分别编出各个子程序,并且将各个子程序调试完成之后再进行组合,最终使整个单元的程序完整。加盖拧盖单元完整程序,请扫描二维码查看。

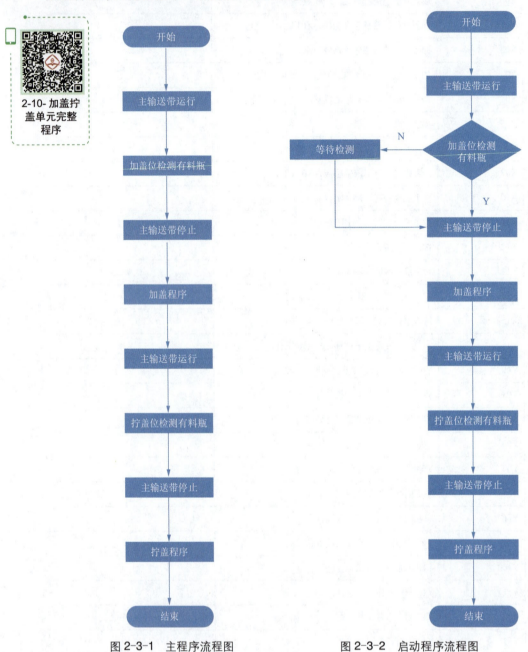

图 2-3-1 主程序流程图   图 2-3-2 启动程序流程图

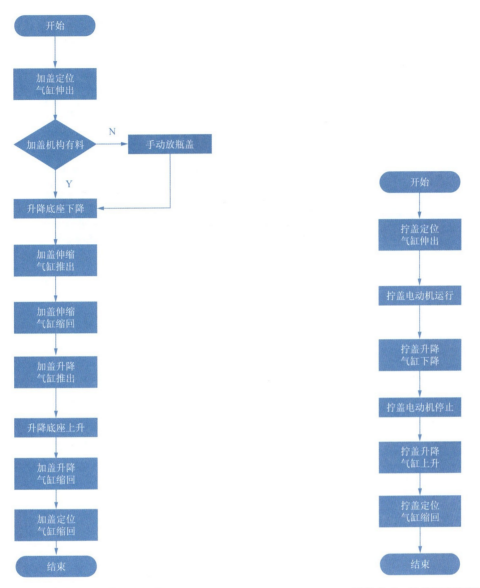

图 2-3-3 加盖程序流程图　　图 2-3-4 拧盖程序流程图

3. 设计触摸屏画面

加盖拧盖单元组态画面，如图 2-3-5 所示。指示灯输入信息为 1 时为绿色，输入信息为 0 时保持灰色。按钮强制输出 1 时为红色，按钮强制输出 0 时为灰色，触摸屏上必须设置一个手动/自动按钮，只有在该按钮被按下，且单元处于"单机"状态，手动强制输出控制按钮有效。

4. 触摸屏和PLC联机调试

请完成触摸屏和 PLC 联机调试。加盖拧盖单元监控画面数据监控表，见表 2-3-2。

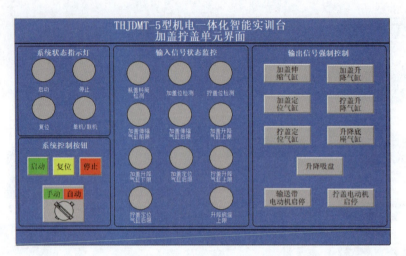

图 2-3-5　加盖拧盖单元组态画面

表 2-3-2　加盖拧盖单元监控画面数据监控表

序号	名　　称	类　型	功　能　说　明
1	启动	位指示灯	启动状态指示灯
2	停止	位指示灯	停止状态指示灯
3	复位	位指示灯	复位状态指示灯
4	单机／联机	位指示灯	单机／联机状态指示灯
5	瓶盖料筒检测	位指示灯	瓶盖料筒检测指示灯
6	加盖位检测	位指示灯	加盖位检测指示灯
7	拧盖位检测	位指示灯	拧盖位检测指示灯
8	加盖伸缩气缸前限位	位指示灯	加盖伸缩气缸前限位指示灯
9	加盖伸缩气缸后限位	位指示灯	加盖伸缩气缸后限位指示灯
10	加盖升降气缸上限位	位指示灯	加盖升降气缸上限位指示灯
11	加盖升降气缸下限位	位指示灯	加盖升降气缸下限位指示灯
12	加盖定位气缸后限位	位指示灯	加盖定位气缸后限位指示灯
13	拧盖升降气缸上限位	位指示灯	拧盖升降气缸上限位指示灯
14	拧盖定位气缸后限位	位指示灯	拧盖定位气缸后限位指示灯
15	升降底座上限位	位指示灯	加盖升降底座气缸上限位指示灯
16	输送带电动机启停	标准按钮	输送带电动机启停控制输出
17	拧盖电动机启停	标准按钮	拧盖电动机启停控制输出
18	加盖伸缩气缸	标准按钮	加盖伸缩气缸电磁阀输出
19	加盖升降气缸	标准按钮	加盖升降气缸电磁阀输出
20	加盖定位气缸	标准按钮	加盖定位气缸电磁阀输出
21	拧盖升降气缸	标准按钮	拧盖升降气缸电磁阀输出
22	拧盖定位气缸	标准按钮	拧盖定位气缸电磁阀输出

续表

序号	名称	类型	功能说明
23	升降底座气缸	标准按钮	加盖升降底座气缸电磁阀输出
24	升降吸盘	标准按钮	加盖升降吸盘电磁阀输出
25	手动/自动	开关	手动/自动模式切换
26	启动	标准按钮	与实体启动按钮功能相同
27	停止	标准按钮	与实体停止按钮功能相同
28	复位	标准按钮	与实体复位按钮功能相同

任务评价

评分表见表 2-3-3，对任务的实施情况进行评价，将评分结果记入评分表中。

表 2-3-3　评分表

任务	评分表 ＿＿＿＿学年		工作形式 □个人 □小组分工 □小组	工作时间 ＿＿＿＿min	
	训练内容		配分	学生自评	教师评分
加盖拧盖单元的程序编写与调试——运行功能测试	(1) 上电，系统处于"停止"状态。"停止"指示灯亮，"启动"和"复位"指示灯灭		2		
	(2) 在"停止"状态下，按下"复位"按钮，该单元复位，复位过程中：				
	①"复位"指示灯闪烁（2 Hz）		2		
	② 所有机构回到初始位置		2		
	③ 复位完成后，"复位"指示灯长亮，"启动"和"停止"指示灯灭		2		
	④"运行"或"复位"状态下，按"启动"按钮无效		2		
	(3) 在"复位"就绪状态下，按下"启动"按钮，单元启动，"启动"指示灯亮，"停止"和"复位"指示灯灭		2		
	(4) 手动将无盖物料瓶放置到该单元起始端，瓶子倾倒不给发		6		
	(5) 主输送带启动运行		2		
	(6) 当加盖位检测传感器检测到有物料瓶，并等待物料瓶运行到加盖工位下时，输送带停止		2		
	(7) 加盖定位气缸推出，将物料瓶准确固定		2		
	(8) 如果加盖机构内无瓶盖：				
	① 手动将瓶盖放入后，瓶盖料筒检测传感器感应到瓶盖		2		
	② 瓶盖料筒检测传感器动作；加盖机构开始运行，继续第 (9) 步动作		4		
	(9) 如果加盖机构有瓶盖，瓶盖料筒检测传感器动作，升降底座下降；加盖伸缩气缸推出，将瓶盖推到落料口，加盖伸缩气缸缩回		2		
	(10) 加盖升降气缸伸出，将瓶盖压下		2		
	(11) 瓶盖准确落在物料瓶上，无偏斜		4		

加盖拧盖单元的程序编写与调试——运行功能测试	(12) 升降底座上升	2		
	(13) 加盖升降气缸缩回	2		
	(14) 加盖定位气缸缩回	2		
	(15) 主输送带启动	4		
	(16) 当拧盖位检测传感器检测到有物料瓶，并等待物料瓶运行到拧盖工位下方时，输送带停止	2		
	(17) 拧盖定位气缸推出，将物料瓶准确固定	2		
	(18) 拧盖升降气缸下降，拧盖电动机开始旋转	2		
	(19) 瓶盖完全被拧紧，拧盖电动机停止运行	2		
	(20) 拧盖升降气缸缩回	2		
	(21) 拧盖定位气缸缩回	6		
	(22) 主输送带启动	2		
	(23) 当物料瓶输送到主输送带末端后，人工拿走物料瓶。重复第(6)~(23)步，直到四个物料瓶与四个瓶盖用完为止，每次循环内，任何一步动作失误，该步都不得分	2		
	(24) 系统在运行状态按"停止"按钮，单元立即停止，所有机构不工作	4		
	(25) "停止"指示灯亮；"运行"指示灯灭	4		
加盖拧盖单元的程序编写与调试——触摸屏功能测试	触摸屏界面上有无"加盖拧盖单元界面"字样	2		
	触摸屏画面有无错别字，每错 1 个字扣 0.5 分，扣完为止	5		
	布局画面是否符合任务书要求，不符合扣 1 分	1		
	12 个指示灯有且功能正确；1 个指示灯缺失或功能不正确扣 0.5 分，扣完为止	8		
	12 个按钮和 1 个开关全有且功能正确；1 个按钮缺失或功能不正确扣 0.5 分，扣完为止	8		
	合 计	100		

任务四　加盖拧盖单元的故障排除

任务描述

本任务是依据加盖拧盖单元的控制功能要求、机械机构图样、电气接线图样规定的 I/O 分配表安装要求等，对单元进行运行调试，排除电气线路及元器件等故障，确保单元内电路、气路及机械机构能正常运行，并将故障现象描述、故障部件分析、故障排除步骤填写到"排除故障操作记录卡"中。

任务准备

常用故障排查方法，同项目一任务四。

任务实施

1. 故障一

认真观察故障现象,分析故障原因,撰写故障分析流程,填写排除故障操作记录卡,见表2-4-1。

表2-4-1 排除故障操作记录卡(1)

故障现象	物料瓶运行到装料位置后,定位气缸不动
故障分析	
故障排除	

2. 故障二

认真观察故障现象,分析故障原因,撰写故障分析流程,填写排除故障操作记录卡,见表2-4-2。

表2-4-2 排除故障操作记录卡(2)

故障现象	物料到达装料位置后,物料填装机构不动
故障分析	
故障排除	

3. 故障三

认真观察故障现象,分析故障原因,撰写故障分析流程,填写排除故障操作记录卡,见表2-4-3。

表2-4-3 排除故障操作记录卡(3)

故障现象	主输送带电动机无法启动
故障分析	
故障排除	

任务评价

评分表见表2-4-4,设置5个故障,根据评分表要求进行评价,将评分结果记入评分表中。

表2-4-4 评分表

评分表 _____学年		工作形式 □个人□小组分工□小组		工作时间 ____min	
任务		训练内容	配分	学生自评	教师评分
加盖拧盖单元的故障检修	每个故障现象描述记录准确	每个故障点与故障现象记录准确,每缺少5个或错误一个扣5分,扣完为止	25		
	故障原因分析正确	错误或未查找出故障原因等,错误每次扣5分,扣完为止	25		
	故障排除合理	解决思路描述不合理、故障点描述本身错误或未查找出故障等每次扣5分,扣完为止	50		
		合 计	100		

机电一体化项目

检测分拣单元的安装与调试

知识目标

(1) 了解检测分拣单元的安装、运行过程。
(2) 熟悉 RFID 识别的选用和工作原理。
(3) 掌握视觉检测模块工作原理及常见故障分析及检修。

能力目标

(1) 会使用电工仪器工具,对本单元进行线路通断、线路阻抗的检测和测量。
(2) 能对本单元电气元件——传感器、气动阀、显示元件进行单点故障分析和排查。
(3) 能够分析检测分拣单元自动化控制要求,提出自动线 PLC 编程解决方案,会开展自动线系统的设计、调试工作。

素质目标

(1) 通过对机电一体化设备设计和故障排查,培养解决困难的耐心和决心,遵守工程项目实施的客观规律,培养严谨科学的学习态度。
(2) 通过小组实施分工,具备良好的团队协作和组织协调能力,培养工作实践中的团队精神,通过按照自动化国家标准和行业规范,开展任务实施,培养学生质量意识、绿色环保意识、安全用电意识。
(3) 通过实训室 6S 管理,培养学生具备清理、清洁、整理、整顿、素养、安全的职业素养。

项目三　检测分拣单元的安装与调试

📎 项目情境

检测分拣单元（见图 3-0-1）控制挂板的安装与接线已经完成，现需要利用采购回来的器件及材料，在规定时间内，按照任务要求完成检测分拣单元的组装和气路连接，开发其控制程序，完成本工作单元的调试，以便生产线后期能够实现生产过程自动化。

3-1- 检测分拣单元运行视频

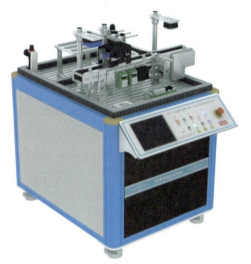

图 3-0-1　检测分拣单元整机图

▶ 任务一　检测分拣单元的机械构件组装与调整

🧊 任务描述

检测分拣单元由工作实训台、检测模块、主输送带、分拣模块、分拣输送带模块、RFID 识别模块、视觉检测模块及其控制系统等组成。

请根据图样资料，完成主输送带模块、视觉检测模块、分拣输送带模块、分拣模块、检测模块、RFID 检测模块的部件安装和气路连接，并根据各机构间的相对位置将其安装在本单元的工作台上。

任务准备

1. 模块分解图

检测分拣单元模块分解，如图 3-1-1 所示。

2. 各机构初始状态

各机构初始状态，见表 3-1-1。

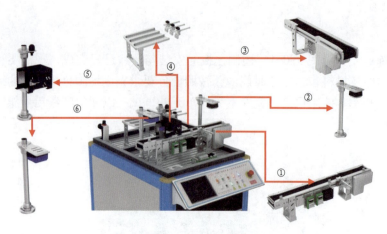

图 3-1-1　检测分拣单元布局图

①—主输送带模块；②—视觉检测模块；③—分拣输送带模块；④—分拣模块；⑤—检测模块；⑥—RFID 检测模块

表 3-1-1　检测分拣单元各机构初始状态

分拣模块	主输送带模块	分拣输送带模块	检测模块
① 三个气缸都缩回	① 主输送带停止	① 分拣输送带停止	① 蓝色指示灯亮
② 工作气压 0.4～0.5 MPa	② 推料气缸缩回		

3．桌面布局图

将组装好的检测模块、主输送带模块、分拣模块、分拣输送带模块、RFID 识别模块、视觉检测模块按照合适的位置安装到型材板上，组成检测分拣单元的机械结构，桌面布局及尺寸如图 3-1-2 所示。

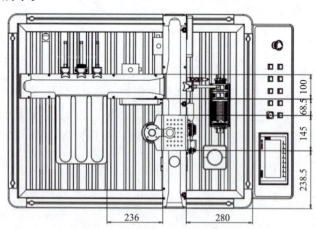

图 3-1-2　检测分拣单元桌面布局图

4．材料及工具清单

项目三任务一的耗材及工具清单，见表 3-1-2。

表 3-1-2　耗材及工具清单表

任 务 编 号	3.1	任 务 名 称	检测分拣单元机械构件组装与调整
设备名称	机电一体化智能实训平台	实施地点	
设备系统	汇川／三菱	实训学时	4学时
参考文件	机电一体化智能实训平台使用手册		
工具／设备／耗材				

	名称	规格型号	单位	数量
工具	内六角扳手		套	1
	螺丝刀		把	2
	安全锤		把	1
	刻度尺		把	2
设备	直流电动机	欧邦 ZYT05FB-24-1800	台	2
耗材	15针端子板		个	3
	普通平键A型	4×4×20	个	50
	圆柱头螺钉	M4×25	个	100

任务实施

1. 检测分拣单元机械安装

检测分拣单元各模块的安装步骤，见表 3-1-3。

3-2-检测分拣单元安装步骤

表 3-1-3　检测分拣单元的安装步骤

模块名称	模块效果图	注意事项
分拣模块料槽 3-3-分拣模块		
分拣模块推料机构 3-4-推料模块		注意：锁紧前注意进气孔必须朝上

续表

模块名称	模块效果图	注意事项
检测模块 3-5-检测模块	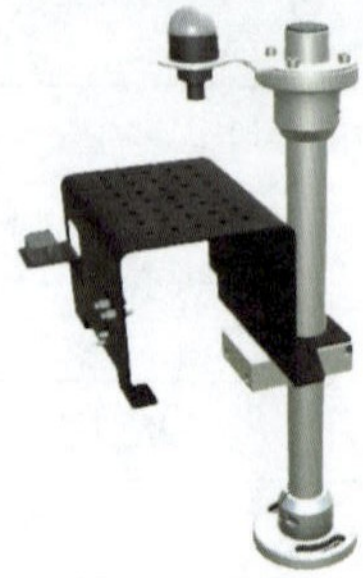	注意：调整位置对其后锁紧
视觉检测和RFID检测模块 3-6-视觉和RFID模块		注意：调整位置对其后锁紧
主输送带模块 3-7-主输送带模块	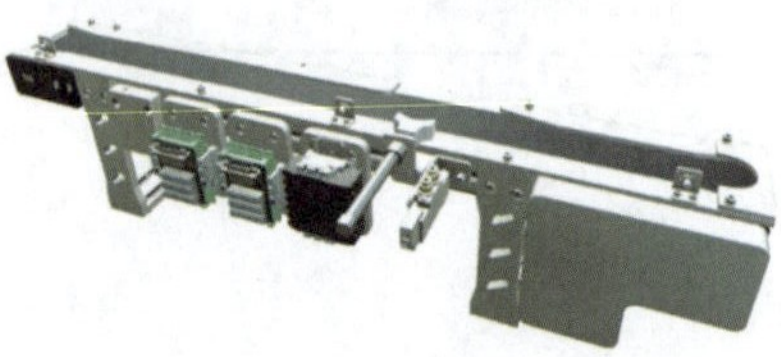	
分拣输送带模块 3-8-分拣输送带模块		将装配好的推料顶料模块、张紧机构装配在输送线主体上，调整好推料顶料模块，安装传感器支架、分拣滑道，完成主输送线和分拣输送线装配

2．检测分拣单元气路安装

（1）气路连接图

根据该单元的气路连接图（见图3-1-3），完成该机构执行元件的电气连接和气路连接，确保各气缸运行顺畅、平稳和电气元件的功能正确。

（2）检测分拣单元气路调试

检测分拣单元气路部分共用到四个电磁阀，有三个安装在汇流板上，另外一个悬挂在对应的气缸旁边，在PLC的控制下控制气缸运动。打开气源，利用小一字螺丝刀对气动电磁阀的测试旋钮进行操作，按下测试旋钮，气缸状态发生改变即为气路连接正确。注意：连接电磁阀、气缸时，气管走向应按序排布，均匀美观，不能交叉、打折；气管要在快速接头中插紧，不能有漏气现象。

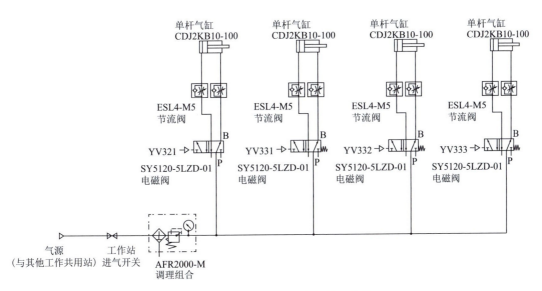

图 3-1-3 检测分拣单元气路原理图

任务评价

评分表见表 3-1-4，对任务的实施情况进行评价，将评分结果记入评分表中。

表 3-1-4 评分表

评分表 _____学年		工作形式 □个人 □小组分工 □小组	工作时间 _____ min		
任务	训练内容		配分	学生自评	教师评分
检测分拣单元的机械构件组装与调整	主输送带模块、分拣输送带模块螺钉安装不牢固，每个扣1分，扣完为止		12		
	分拣气缸安装不牢固，扣8分		8		
	输送带太松或太紧，扣8分		8		
	主动轮和从动轮位置安装错误，扣10分		10		
	直流电动机安装不牢固扣6分		6		
	输送带安装不能正常工作扣8分		8		
	气缸安装不牢固，每个扣2分，扣完为止		6		
	视觉检测模块、RFID检测模块安装，螺钉安装不牢固，每个扣1分，扣完为止		8		
	各模块机构齐全，模块在桌面前后方向定位尺寸与布局图给定标准尺寸误差不超过 ±3 mm，超过不得分；每错漏1处扣2分，共6处，扣完为止		12		
	使用扎带绑扎气路管线，扎带间距小于 60 mm，均匀间隔，剪切后扎带长度≤1 mm，1处不符合要求扣1分		8		
	气源二联件压力表调节到 0.4～0.5 MPa		6		

检测分拣单元的机械构件组装与调整	气路测试，人工用小一字螺丝刀点击电磁阀测试按钮，检查气动连接回路是否正常，有无漏气现象，回路不正常或有漏气现象每处扣2分，扣完为止	10		
	合　　计	100		

任务二　检测分拣单元的电气连接与调试

任务描述

检测分拣单元功能：经过加盖拧盖单元加工过的瓶子，被送到此单元进行检测，进料传感器检测是否有物料进入，回归反射传感器检测瓶盖是否拧紧；检测机构检测瓶子内部颗粒是否符合要求，并进行瓶盖颜色判别区分；拧盖或颗粒不合格的瓶子被分拣机构推送到分拣输送带上（短输送带）；分拣输送带上又包含三个分拣机构，可对颗粒数量不合格、瓶盖未拧紧、颗粒和瓶盖均不合格的物料进行分拣；拧盖与颗粒均合格的瓶子被输送到输送带末端，等待机器人搬运；配有指示灯，可根据物料情况进行不同显示。

请完成该单元中如下连接与调试：

(1) 各接线端子电路的连接。

(2) 传感器元件电路连接与调试。

拓展阅读5-生活中的RFID应用

3-9-RFID

任务准备

1. RFID技术介绍

RFID（Radio Frequency Identification）技术，又称无线射频识别，是一种通信技术，俗称电子标签。可通过无线电信号识别特定目标并读写相关数据，而无须识别系统与特定目标之间建立机械或光学接触。无线射频识别一般包含标签、阅读器、天线三部分。标签由耦合元件及芯片组成，每个标签具有唯一的电子编码，附着在物体上标识目标对象；阅读器又称读卡器，读取（有时还可以写入）标签信息的设备，可设计为手持式或固定式；天线主要是在标签和读取器间传递射频信号。请扫描二维码，了解更多RFID的工作原理及使用注意事项。

2. RFID的通信方式

(1) 本单元使用的RFID通过ModBus TCP协议命令进行通信，其对ModBus TCP协议命令的支持如下：0x03——读寄存器命令；0x06——写单个寄存器；0x10——写多个寄存器。

(2) 同时，其具有可配置的回复格式：错误码回复——操作标签时，如果读写数据失败返回83H和90H+错误码；正确回复——操作标签时，如果读数据失败返回数据0，但是要通过判断寄存器地址1的状态确定数据有效。

(3) RFID寄存器地址分配与功能定义，见表3-2-1。

表 3-2-1　RFID 寄存器地址分配与功能定义

寄存器地址	寄存器名称	寄存器功能	R/W 特性
0x0000	系统信息寄存器	用于指示固件版本号和系统错误状态位	R
0x0001	标签读写状态寄存器	用于指示标签有效位、读完成、写完成位等	R
0x0002～0x0009	保留	暂未使用读是 0	R
0x000A～0x000D	标签 UID	获取标签的 UID 码	R
0x000E...	标签数据区	标签数据区跟标签空间有关	RW

系统信息寄存器用于保存读卡器固件版本号以及错误信息,具体见表 3-2-2、表 3-2-3。

表 3-2-2　信息寄存器数据位信息表

bit15-bit 8	bit7-bit 0
保存版本号	表示系统错误信息

系统错误信息:代表系统异常状态断电才允许清零,否则要一直保持。

表 3-2-3　系统错误信息一览表

错误代码 (bit7-bit 0)	错误内容
0x01	保留
0x02	看门狗复位
0x03	保留
0x04	保留

标签读写状态寄存器用于记录操作成功状态,标签离开后自动清零。标签有效位:0 表示电子标签不存在,1 表示读到有效标签;读操作成功:0 表示读数据失败,1 表示读数据成功;写操作成功:0 表示写数据失败,1 表示写数据成功。具体见表 3-2-4。

表 3-2-4　标签读写状态寄存器数据位信息表

bit 2	bit 1	bit 0
写操作成功	读操作成功	标签有效位

3. 视觉传感器

视觉传感器是指利用光学元件和成像装置获取外部环境图像信息的仪器,通常用图像分辨率来描述视觉传感器的性能。视觉传感器的精度不仅与分辨率有关,而且同被测物体的检测距离相关。被测物体距离越远,其绝对的位置精度越差。视觉传感器按照芯片类型主要分为 CCD 和 CMOS 两大类。请扫描二维码，了解更多 RFID 的工作原理及使用注意事项。

本工作单元选配的视觉传感器为海康威视（160 万像素）1/2.9″，直流 24 V 供电，镜头焦距 6 mm，检测距离 20～300 mm，自带光源，通信接口为以太网接口。通过相机自带软件可对相机参数、通信方式、IP 地址、方案名称等进行设置。可以对瓶盖进行颜色或内容的识别并将结果发送给 PLC 进行记录保存。

3-10- 视觉传感器

4. 电气原理图

检测分拣单元电气原理图，以三菱系统为例，如图 3-2-1 所示。汇川系统电气原理图请扫描二维码查看。

拓展阅读 6- 工业的慧眼

3-11- 检测分拣单元汇川系统电气原理图

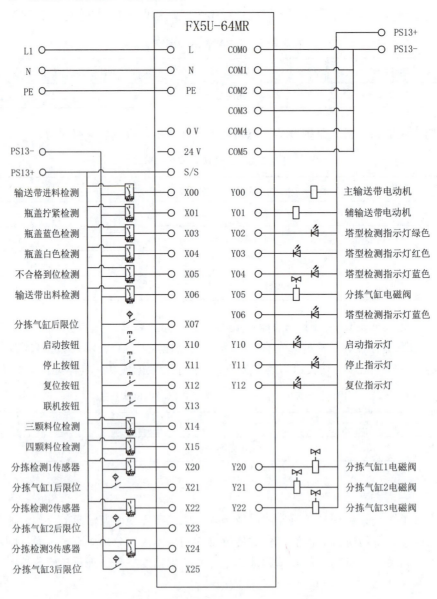

图 3-2-1　检测分拣单元电气原理图（三菱系统）

5. 材料及工具清单

项目三任务二的耗材及工具清单,见表3-2-5。

表3-2-5 耗材及工具清单表

任务编号	3.2	任务名称	检测分拣单元的电气连接与调试
设备名称	机电一体化智能实训平台	实施地点	
设备系统	汇川	实训学时	4学时
参考资料	机电一体化智能实训平台使用手册		

工具/设备/耗材

	名称	规格型号	单位	数量
工具	螺丝刀		把	2
	剪刀		把	1
	刻度尺		把	1
	压线钳		把	1
	自动剥线钳		把	1
设备	万用表		台	2
	线号管打印机		台	2
	空气压缩机		台	1
	视觉传感器	海康 MV-SC2016PC-06S-WBN	台	1
	FRID	CK-FR08-E00	台	1
耗材	气管		米	5
	热缩管		米	1
	导线		米	10
	接线端子		个	200
	光感传感器	EE-SX951-W	个	10
	高精度光纤传感器	FM-E31	个	10

任务实施

1. 端子板连接

请完成检测分拣单元台面上,CN300主输送带模块端子板接线,引脚分配见表3-2-6;完成CN301检测机构指示灯分拣模块端子板接线,引脚分配见表3-2-7;完成CN302分拣模块端子板接线,引脚分配见表3-2-8;完成CN310桌面37针端子板接线,引脚分配见表3-2-9;完成CN320主输送带电动机M1端子板接线,引脚分配见表3-2-10;完成

CN321 辅输送带电动机 M2 端子板接线，引脚分配见表 3-2-11；完成 XT98 端子板引脚分配接线，引脚分配见表 3-2-12。

表 3-2-6　CN300 主输送带模块端子板引脚分配

端　子	线　号	功 能 描 述
XT3-0	X00	进料检测传感器
XT3-1	X01	瓶盖旋紧检测传感器
XT3-2	X03	瓶盖蓝色检测传感器
XT3-3	X04	瓶盖白色检测传感器
XT3-4	X05	不合格到位检测传感器
XT3-5	X06	出料检测传感器
XT3-6	X07	分拣气缸后限
XT3-7	X14	三颗料位检测
XT3-8	X15	四颗料位检测
XT2	PS13+	24 V 电源正极
XT1	PS13-	24 V 电源负极

表 3-2-7　CN301 检测机构指示灯分拣模块端子板引脚分配

端　子	线　号	功 能 描 述
XT3-0	Y02	检测机构指示灯绿色常亮
XT3-1	Y03	检测机构指示灯红色常亮
XT3-2	Y04	检测机构指示灯蓝色常亮
XT3-3	Y05	分拣气缸电磁阀
XT3-4	Y06	检测机构指示灯黄色常亮
XT2	PS13+	24 V 电源正极
XT1	PS13-	24 V 电源负极

表 3-2-8　CN302 分拣模块端子板引脚分配

端　子	线　号	功 能 描 述
XT3-0	X20	分拣检测 1 传感器
XT3-1	X21	分拣气缸 1 后限
XT3-2	X22	分拣检测 2 传感器
XT3-3	X23	分拣气缸 2 后限
XT3-4	X24	分拣检测 3 传感器

续表

端　子	线　号	功　能　描　述
XT3-5	X25	分拣气缸3后限
XT3-6	Y20	分拣气缸1电磁阀
XT3-7	Y21	分拣气缸2电磁阀
XT3-8	Y22	分拣气缸3电磁阀
XT2	PS13+	24 V电源正极
XT1	PS13-	24 V电源负极

表 3-2-9　CN310桌面37针端子板引脚分配

端　子	线　号	功　能　描　述
XT3-0	X00	进料检测传感器
XT3-1	X01	瓶盖拧紧检测传感器
XT3-3	X03	瓶盖蓝色检测传感器
XT3-4	X04	瓶盖白色检测传感器
XT3-5	X05	不合格到位检测传感器
XT3-6	X06	出料检测传感器
XT3-7	X07	分拣气缸后限位
XT3-8	X20	分拣检测1传感器
XT3-9	X21	分拣气缸1后限位
XT3-10	X22	分拣检测2传感器
XT3-11	X23	分拣气缸2后限位
XT3-12	X14	三颗料位检测
XT3-13	X15	四颗料位检测
XT3-14	X24	分拣检测3传感器
XT3-15	X25	分拣气缸3后限位
XT2-0	Y00	主输送带运行
XT2-1	Y01	分拣输送带运行
XT2-2	Y02	塔型检测指示灯绿色常亮
XT2-3	Y03	塔型检测指示灯红色常亮
XT2-4	Y04	塔型检测指示灯蓝色常亮
XT2-5	Y05	分拣气缸电磁阀
XT2-6	Y06	塔型检测指示灯黄色常亮

续表

端 子	线 号	功能描述
XT2-8	Y20	分拣气缸 1 电磁阀
XT2-9	Y21	分拣气缸 2 电磁阀
XT2-10	Y22	分拣气缸 3 电磁阀
XT1/XT4	PS13+	24 V 电源正极
XT5	PS13-	24 V 电源负极

表 3-2-10　CN320 主输送带电动机 M1 端子板引脚分配

端 子	线 号	功能描述
1	PS13-	24 V 电源负极
2	PS13+	24 V 电源正极
3	M+	主输送带电动机正极
4	M-	主输送带电动机负极
5	Y00	Y00 闭合主输送带运行
6	PS13-	24 V 电源负极输出
7	PS13+	24 V 电源正极输出

表 3-2-11　CN321 辅输送带电动机 M2 端子板引脚分配

端 子	线 号	功能描述
1	PS13-	24 V 电源负极
2	PS13+	24 V 电源正极
3	M+	分拣输送带电动机正极
4	M-	分拣输送带电动机负极
5	Y01	Y01 闭合分拣输送带运行
6	PS13-	24 V 电源负极输入
7	PS13+	24 V 电源正极输入

表 3-2-12　XT98 端子板引脚分配

端 子	线 号	功能描述
01	PS13+(+24 V)	CN320 端子板 :24 V
02	PS13+(+24 V)	XT99 端子板 :16.1
03	PS13-(0 V)	CN320 端子板 :0 V
04	PS13-(0 V)	XT99 端子板 :16.2

2. 传感器元件电路连接与调试

(1) 瓶盖拧紧检测传感器

通过使用小号一字螺丝刀可以调整传感器极性和敏感度。本单元要求强度根据实际情况调节，如图 3-2-2 所示，然后调节传感器上下位置，要求安装比正常拧紧的物料瓶高 1 mm 左右，确保当拧紧瓶盖的物料瓶通过时未遮挡光路；未拧紧瓶盖的物料瓶通过时能够遮挡传感器的反射光路准确无误动作，并输出信号，判断结果输出给 PLC 进行处理，并由状态指示灯根据处理结果进行不同显示，如图 3-2-2 所示。

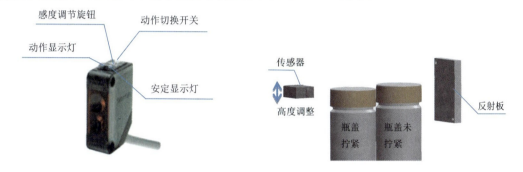

图 3-2-2　传感器调整　　　　　图 3-2-3　瓶盖拧紧与未拧紧状态

(2) 颗粒数量检测传感器

传感器为两对对射式光纤传感器，当物料瓶经过检测机构时检测瓶里物料的数量，判断结果输出给 PLC 进行处理，并由状态指示灯根据处理结果进行不同显示。安装时应保证在同一水平上，不能有错位。如果检测有失误，请根据情况调整相应的传感器。

(3) 瓶盖颜色检测传感器

传感器为两组反射式光纤传感器，当物料瓶经过塔型检测装置时检测物料瓶的瓶盖颜色，判断结果输出给 PLC 进行处理，并由状态指示灯根据处理结果进行不同显示，如图 3-2-4 所示。

图 3-2-4　瓶盖颜色检测传感器

(4) RFID 读写器

RFID UID 读写流程图，如图 3-2-5 所示。

RFID 读电子标签数据区流程图，如图 3-2-6 所示。

RFID 写标签数据流程图，如图 3-2-7 所示。

（a）错误码回复方式

（b）数据为0返回

图 3-2-5　RFID UID 读写流程图

（a）错误码回复方式

（b）数据为0返回

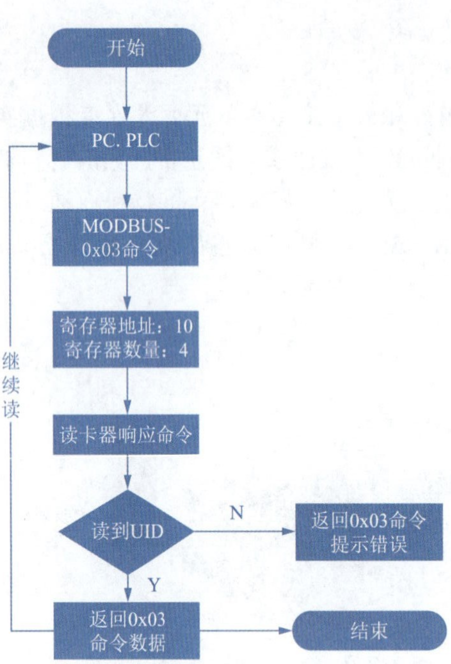

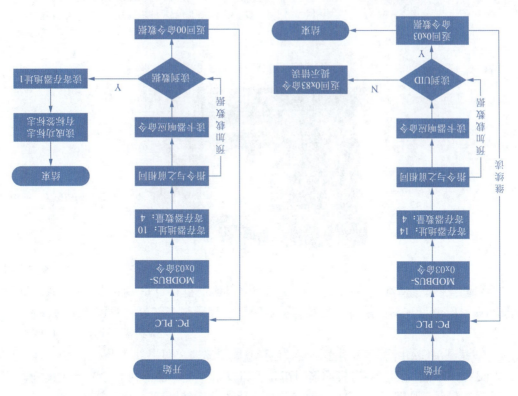

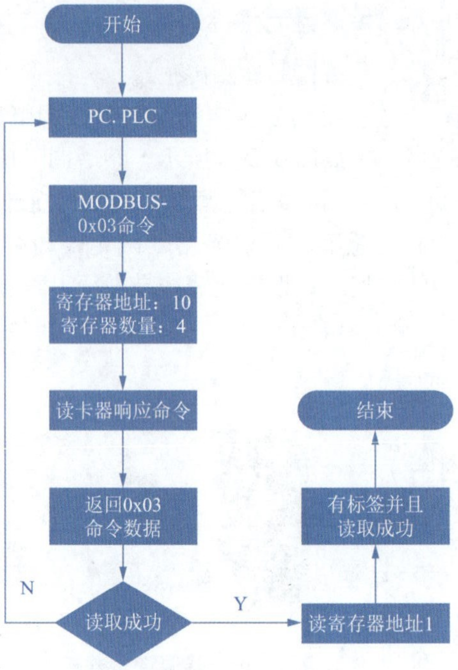

图 3-2-6　RFID 读电子标签数据区流程图

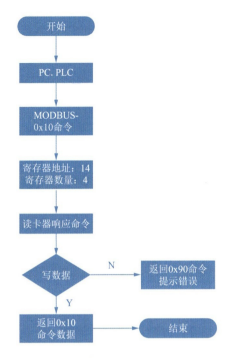
（a）错误码回复方式

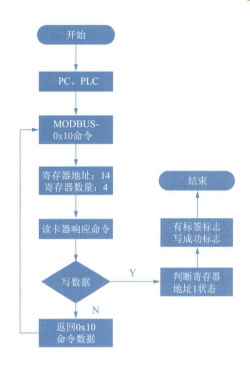
（b）数据为0返回

图 3-2-7　RFID 写标签数据流程图

（5）视觉传感器的参数设置与调试

本工作单元选配的视觉传感器为海康威视（160 万像素）1/2.9″，通信接口为以太网接口。请扫描二维码，了解设置方法及使用注意事项。

3-12- 视觉传感器的参数设置与调试

任务评价

评分表见表 3-2-13，对该任务的实施情况进行评价，将评分结果记入评分表中。

表 3-2-13　评分表

评分表 _____学年		工作形式 □个人□小组分工□小组		工作时间 _____min	
任务	训练内容		配分	学生自评	教师评分
检测分拣单元模型接线	根据任务书所列完成每个端子板的接线，缺少一个端子接线扣 1 分，扣完为止		14		
	导线进入行线槽，每个进线口不得超过 2 根，分布合理、整齐，单根电线直接进入走线槽且不交叉，出现单口进行超过 2 根、交叉、不整齐的每处扣每处 2 分，扣完为止		12		
	每根导线对应一位接线端子，并用线鼻子压牢，不合格每处扣 1 分，扣完为止		12		
	端子进线部分，每根导线必须套用号码管，不合格每处扣 1 分，扣完为止		10		
	每个号码管必须进行正确编号，不正确每处扣 1 分，扣完为止		12		
	扎带捆扎间距为 50～80 mm，且同一线路上捆扎间隔相同，不合格每处扣 2 分，扣完为止		10		

74 机电一体化项目

检测分拣单元模型接线	绑扎带切割不能留余太长，必须小于 1 mm 且不割手，若不符合要求每处扣 2 分，扣完为止	10		
	接线端子金属裸露不超过 2 mm，不合格每处扣 1 分，扣完为止	10		
	非同一个活动机构的气路、电路捆扎在一起，每处扣 1 分，扣完为止	10		
合　　计		100		

▶ 任务三　检测分拣单元的程序编写与调试

任务描述

请完成检测分拣单元控制程序、触摸屏工程设计并进行单机调试，保证能够进行正确运行，以便生产线后期能够实现生产过程自动化。

任务准备

在任务完成时，你需要检查确认以下几点：

（1）已经完成单元的机械安装、电气接线和气路连接，并确保器件的动作准确无误。

（2）单元运行功能与要求一致。

（3）分拣机构分拣槽编号，如图 3-3-1 所示。

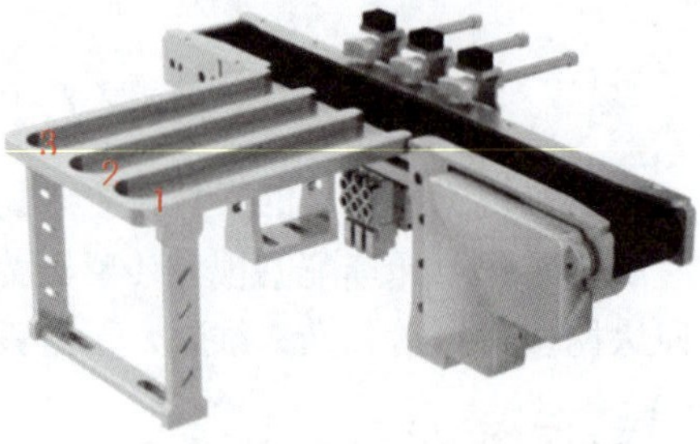

（4）利用本单元触摸屏进行单站调试运行，包含启动、停止、复位、单周期等，指示灯输入信息为 1 时为绿色，输入信息为 0 时保持灰色。按钮强制输出 1 时为红色，按钮强制输出 0 时为灰色，触

图 3-3-1　分拣槽编号

摸屏上必须设置一个手动/自动按钮，只有在该按钮被按下，且单元处于"单机"状态，手动强制输出控制按钮有效。

（5）完成控制程序设计。

单元运行功能流程要求具体如下：

（1）上电，系统处于"停止"状态下。"停止"指示灯亮，"启动"和"复位"指示灯灭。

（2）在"停止"状态下，按下"复位"按钮，该单元复位，复位过程中，"复位"指示灯闪烁，所有机构回到初始位置。复位完成后，"复位"指示灯常亮，"启动"和"停止"指示灯灭。"运行"或"复位"状态下，按"启动"按钮无效。

（3）在"复位"就绪状态下，按下"启动"按钮，单元启动，"启动"指示灯亮，"停止"和"复位"指示灯灭。

（4）主输送带启动运行，检测机构指示灯蓝色常亮。

（5）手动将放有三颗物料并旋紧白色瓶盖的物料瓶放置到该单元起始端。

（6）当进料检测传感器检测到有物料瓶且旋紧检测传感器无动作，经过检测机构时，检测机构指示灯绿色常亮，物料瓶即被输送到主输送带的末端，出料检测传感器动作，主输送带停止，人工拿走物料瓶，输送带继续启动运行，检测机构指示灯绿色熄灭，蓝色常亮。

(7) 手动将放有三颗物料并旋紧蓝色瓶盖的物料瓶放置到该单元起始端。

(8) 当进料检测传感器检测到有物料瓶且旋紧检测传感器无动作，经过检测装置时，检测机构指示灯绿色闪烁（$f=2\ Hz$），物料瓶即被输送到主输送带的末端，出料检测传感器动作，主输送带停止，人工拿走物料瓶，输送带继续启动运行，检测机构指示灯绿色熄灭，蓝色常亮。

(9) 手动将放有两颗物料并旋紧瓶盖的物料瓶放置到该单元起始端。

(10) 当进料检测传感器检测到有物料瓶且旋紧检测传感器无动作，经过检测装置时，检测机构指示灯黄色常亮，蓝色熄灭，物料瓶经过不合格到位检测传感器时，传感器动作，触发分拣气缸电磁阀得电，当到达分拣气缸位置时即被推到分拣输送带上，物料瓶在分拣输送带上经过物粒不合格分拣检测传感器时，传感器动作，物料不合格分拣气缸电磁阀得电，使物料瓶被推到物料不合格分拣槽中。

(11) 手动将放有三颗物料并未旋紧瓶盖的物料瓶放置到该单元起始端。

(12) 当进料检测传感器检测到有物料瓶且旋紧检测传感器动作，经过检测装置时，检测机构指示灯红灯常亮，物料瓶经过不合格到位检测传感器时，传感器动作，触发分拣气缸电磁阀得电，当到达分拣气缸位置时即被推到辅输送带上；物料瓶在辅输送带上经过瓶盖不合格分拣检测传感器时，传感器动作，瓶盖不合格分拣气缸电磁阀得电，使物料瓶被推到瓶盖不合格分拣槽中。

(13) 在任何启动运行状态下，按下"停止"按钮，该单元停止工作，"停止"指示灯亮，"启动"和"复位"指示灯灭。

1. 确定PLC的I/O分配表

检测分拣单元I/O地址功能分配表，见表3-3-1。

表3-3-1 检测分拣单元I/O地址功能分配表

序号	名称	功能描述	备注
1	X00	进料检测传感器感应到物料，X00闭合	
2	X01	旋紧检测传感器感应到瓶盖，X01闭合	
3	X03	瓶盖颜色传感器感应到蓝色，X03闭合	
4	X04	瓶盖颜色传感器感应到白色，X04闭合	
5	X05	不合格到位检测传感器感应到物料，X05闭合	
6	X06	出料检测传感器感应到物料，X06闭合	
7	X07	分拣气缸退回限位感应，X07闭合	
8	X10	按下启动按钮，X10闭合	

续表

序号	名称	功能描述	备注
9	X11	按下停止按钮，X11 闭合	
10	X12	按下复位按钮，X12 闭合	
11	X13	按下联机按钮，X13 闭合	
12	X14	三颗料位检测	
13	X15	四颗料位检测	
14	X20	瓶盖不合格分拣检测传感器感应到物料，X20 闭合	
15	X21	瓶盖不合格分拣气缸退回限位感应，X21 闭合	
16	X22	物料不合格分拣检测传感器感应到物料，X22 闭合	
17	X23	物料不合格分拣气缸退回限位感应，X23 闭合	
18	X24	瓶盖和物料都不合格分拣检测传感器感应到物料，X24 闭合	
19	X25	瓶盖和物料都不合格分拣气缸退回限位感应，X25 闭合	
20	Y00	Y00 闭合，主输送带运行	
21	Y01	Y01 闭合，分拣输送带运行	
22	Y02	Y02 闭合，检测机构指示灯绿色常亮	
23	Y03	Y03 闭合，检测机构指示灯红色常亮	
24	Y04	Y04 闭合，检测机构指示灯蓝色常亮	
25	Y05	Y05 闭合，分拣气缸伸出	
26	Y06	Y06 闭合，检测机构指示灯黄色常亮	
27	Y10	Y10 闭合，启动指示灯亮	
28	Y11	Y11 闭合，停止指示灯亮	
29	Y12	Y12 闭合，复位指示灯亮	
30	Y20	Y20 闭合，分拣气缸 1 伸出	
31	Y21	Y21 闭合，分拣气缸 2 伸出	
32	Y22	Y22 闭合，分拣气缸 3 伸出	

2. 设计程序流程图

本单元程序按功能划分为多个模块，包括主程序流程图，如图 3-3-2 所示；检测程序流程图，如图 3-3-3 所示；分拣程序流程图如图 3-3-4 所示。将程序分成多个模块后，编程思路更为清晰，调试更为方便。在编程时可分别编出各个子程序，并且将各个子程序调试完成之后再进行组合，最终使整个单元的程序完整。检测分拣单元完整程序，请扫描二维码查看。

3-13- 检测分拣单元完整程序

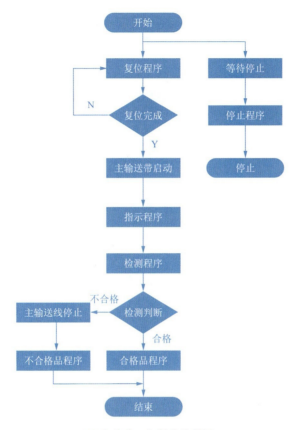

图 3-3-2 主程序流程图

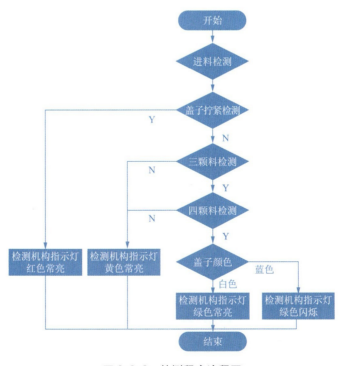

图 3-3-3 检测程序流程图

78   机电一体化项目

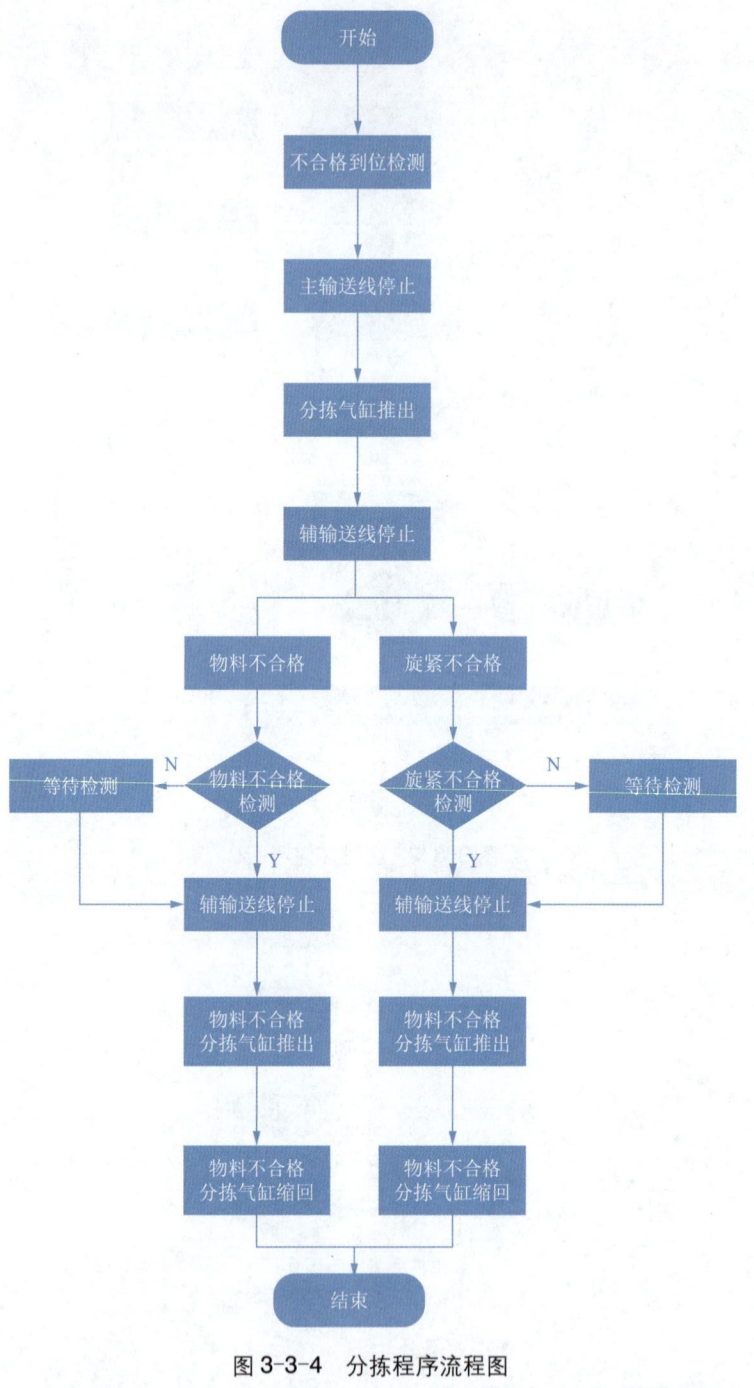

图 3-3-4 分拣程序流程图

3．设计触摸屏画面

检测分拣单元组态画面，如图 3-3-5 所示。指示灯输入信息为 1 时为绿色，输入信息为 0 时保持灰色。按钮强制输出 1 时为红色，按钮强制输出 0 时为灰色，触摸屏上必须设置一个手动 / 自动按钮，只有在该按钮被按下，且单元处于"单机"状态，手动强制输出控制按钮有效。

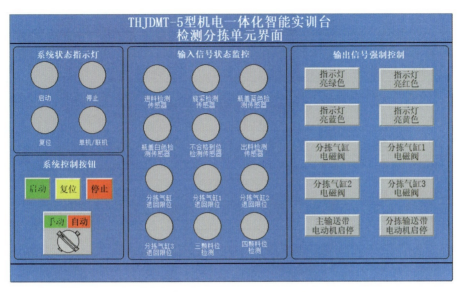

图 3-3-5 检测分拣单元组态画面

4．触摸屏和PLC联机调试

请完成触摸屏和 PLC 联机调试。检测分拣单元监控画面数据监控表，见表 3-3-2。

表 3-3-2　检测分拣单元监控画面数据监控表

序 号	名　　称	类　　型	功 能 说 明
1	启动	位指示灯	启动状态指示灯
2	停止	位指示灯	停止状态指示灯
3	复位	位指示灯	复位状态指示灯
4	单机／联机	位指示灯	单机／联机状态指示灯
5	进料检测传感器	位指示灯	进料检测传感器指示灯
6	旋紧检测传感器	位指示灯	旋紧检测传感器指示灯
7	瓶盖蓝色检测传感器	位指示灯	瓶盖蓝色检测传感器指示灯
8	瓶盖白色检测传感器	位指示灯	瓶盖白色检测传感器指示灯
9	不合格到位检测传感器	位指示灯	不合格到位检测传感器指示灯
10	出料检测传感器	位指示灯	出料检测传感器指示灯
11	分拣气缸退回限位	位指示灯	分拣气缸退回限位指示灯
12	分拣气缸1退回限位	位指示灯	分拣气缸1退回限位指示灯
13	分拣气缸2退回限位	位指示灯	分拣气缸2退回限位指示灯
14	分拣气缸3退回限位	位指示灯	分拣气缸3退回限位指示灯
15	三颗料位检测	位指示灯	三颗料位检测指示灯
16	四颗料位检测	位指示灯	四颗料位检测指示灯

续表

序 号	名 称	类 型	功 能 说 明
17	主输送带电动机启停	标准按钮	主输送带电动机启停手动输出
18	分拣输送带电动机启停	标准按钮	分拣输送带电动机启停手动输出
19	指示灯亮绿色	标准按钮	指示灯亮绿色手动输出
20	指示灯亮红色	标准按钮	指示灯亮红色手动输出
21	指示灯亮蓝色	标准按钮	指示灯亮蓝色手动输出
22	指示灯亮黄色	标准按钮	指示灯亮蓝色手动输出
23	分拣气缸电磁阀	标准按钮	分拣气缸电磁阀手动输出
24	分拣气缸1电磁阀	标准按钮	分拣气缸1电磁阀手动输出
25	分拣气缸2电磁阀	标准按钮	分拣气缸2电磁阀手动输出
26	分拣气缸3电磁阀	标准按钮	分拣气缸3电磁阀手动输出
27	手动／自动	开关	手动／自动模式切换
28	启动	标准按钮	与实体启动按钮功能相同
29	停止	标准按钮	与实体停止按钮功能相同
30	复位	标准按钮	与实体复位按钮功能相同

 任务评价

评分表见表3-3-3，对任务的实施情况进行评价，将评分结果记入评分表中。

表3-3-3 评分表

评分表 _____ 学年		工作形式 □个人□小组分工□小组	工作时间 _____min	
任务	训练内容	配分	学生自评	教师评分
检测分拣单元的程序编写与调试——运行功能测试	（1）上电，系统处于"停止"状态。"停止"指示灯亮，"启动"和"复位"指示灯灭	4		
	（2）在"停止"状态下，按下"复位"按钮，该单元复位，复位过程中：			
	①"复位"指示灯闪烁（2 Hz）	2		
	②所有机构回到初始位置	4		
	③复位完成后，"复位"指示灯常亮，"启动"和"停止"指示灯灭	2		
	④"运行"或"复位"状态下，按"启动"按钮无效	2		
	（3）在"复位"就绪状态下，按下"启动"按钮，单元启动，"启动"指示灯亮，"停止"和"复位"指示灯灭	6		
	（4）主输送带启动运行，检测机构指示灯蓝色常亮	6		

	(5) 手动将放有三颗物料并旋紧白色瓶盖的物料瓶放置到该单元起始端；当进料检测传感器检测到有物料瓶且旋紧检测传感器无动作，经过检测机构时：	2		
	① 检测机构指示灯绿色常亮	4		
	② 物料瓶即被输送到主输送带的末端，出料检测传感器动作，主输送带停止	2		
	③ 人工拿走物料瓶，输送带继续启动运行；检测机构指示灯绿色熄灭，蓝色常亮	2		
	(6) 手动将放有三颗物料并旋紧蓝色瓶盖的物料瓶放置到该单元起始端；当进料检测传感器检测到有物料瓶且旋紧检测传感器无动作，经过检测装置时：			
	① 检测机构指示灯绿色闪烁（f=2 Hz），物料瓶即被输送到主输送带的末端	2		
	② 出料检测传感器动作，主输送带停止	4		
	③ 人工拿走物料瓶，输送带继续启动运行，检测机构指示灯绿色熄灭，蓝色常亮	4		
检测分拣单元的程序编写与调试——运行功能测试	(7) 手动将放有两颗物料并旋紧瓶盖的物料瓶放置到该单元起始端；当进料检测传感器检测到有物料瓶且旋紧检测传感器无动作，经过检测装置时：			
	① 检测机构指示灯黄色常亮，蓝色熄灭	2		
	② 物料瓶经过不合格到位检测传感器时，传感器动作，触发分拣气缸电磁阀得电，当到达分拣气缸位置时即被推到分拣输送带上	4		
	③ 物料瓶在分拣输送带上经过物粒不合格分拣检测传感器时，传感器动作，物料不合格分拣气缸电磁阀得电，使物料瓶被推到物料不合格分拣槽中	4		
	(8) 手动将放有三颗物料并未旋紧瓶盖的物料瓶放置到该单元起始端；当进料检测传感器检测到有物料瓶且旋紧检测传感器动作，经过检测装置时：			
	① 检测机构指示灯红灯常亮	4		
	② 物料瓶经过不合格到位检测传感器时，传感器动作，触发分拣气缸电磁阀得电，当到达分拣气缸位置时即被推到辅输送带上	4		
	③ 物料瓶在辅输送带上经过瓶盖不合格分拣检测传感器时，传感器动作，瓶盖不合格分拣气缸电磁阀得电，使物料瓶被推到瓶盖不合格分拣槽中	4		
	(9) 系统在运行状态按"停止"按钮，单元立即停止，所有机构不工作	4		
	(10) "停止"指示灯亮；"运行"指示灯灭	2		
检测分拣单元的程序编写与调试——触摸屏功能测试	触摸屏界面上有无"检测分拣单元界面"字样	4		
	触摸屏画面有无错别字，每错1个字扣0.5分，扣完为止	5		
	布局画面是否符合任务书要求，不符合扣1分	1		

检测分拣单元的程序编写与调试——触摸屏功能测试	12个指示灯有且功能正确；1个指示灯缺失或功能不正确扣0.5分，扣完为止	8	
	12个按钮和1个开关全有且功能正确；1个按钮缺失或功能不正确扣0.5分，扣完为止	8	
合　　计		100	

▶ 任务四　检测分拣单元的故障排除

🧊 任务描述

本任务是依据检测分拣单元的控制功能要求、机械机构图样、电气接线图样规定的I/O分配表安装要求等，对单元进行运行调试，排除电气线路及元器件等故障，确保单元内电路、气路及机械机构能正常运行，并将故障现象描述、故障部件分析、故障排除步骤填写到"排除故障操作记录卡"中。

📁 任务准备

常用故障排查方法，同项目一任务四。

🔍 任务实施

1. 故障一

认真观察故障现象，分析故障原因，撰写故障分析流程，填写排除故障操作记录卡，见表3-4-1。

表3-4-1　排除故障操作记录卡（1）

故障现象	物料瓶运行到分拣位置后，分拣气缸不动作
故障分析	
故障排除	

2. 故障二

认真观察故障现象，分析故障原因，撰写故障分析流程，填写排除故障操作记录卡，见表3-4-2。

表3-4-2　排除故障操作记录卡（2）

故障现象	物料瓶到达主输送带末尾后，主输送带不停止
故障分析	
故障排除	

3. 故障三

认真观察故障现象，分析故障原因，撰写故障分析流程，填写排除故障操作记录卡，见表 3-4-3。

表 3-4-3　排除故障操作记录卡（3）

故障现象	物料瓶通过指示后，三色指示灯带不动作
故障分析	
故障排除	

任务评价

评分表见表 3-4-4，设置 5 个故障，根据评分表要求进行评价，将评分结果记入评分表中。

表 3-4-4　评分表

任务	训练内容	_____学年　　　　　　工作形式 □个人 □小组分工 □小组		工作时间 _____min	
		训练要求	配分	学生自评	教师评分
检测分拣单元的故障检修	每个故障现象描述记录准确	每个故障点与故障现象记录准确，每缺少 5 个或错误一个扣 5 分，扣完为止	25		
	故障原因分析正确	错误或未查找出故障原因等，错误每次扣 5 分，扣完为止	25		
	故障排除合理	解决思路描述不合理、故障点描述本身错误或未查找出故障等每次扣 5 分，扣完为止	50		
	合　　计		100		

机电一体化项目

工业机器人搬运单元的安装与调试

知识目标

(1) 了解工业机器人搬运单元的安装、运行过程。
(2) 熟悉工业机器人校准和示教操作。
(3) 掌握工业机器人的工作原理及常见故障分析及检修。
(4) 了解现场管理知识、安全规范及产品检验规范。

能力目标

(1) 会使用电工仪器工具,对本单元进行线路通断、线路阻抗的检测和测量。
(2) 能对本单元电气元件——传感器、气动阀、显示元件进行单点故障分析和排查。
(3) 能够分析工业机器人搬运单元自动化控制要求,提出自动线 PLC 编程解决方案,会开展本单元系统的设计、调试工作。

素质目标

(1) 通过对机电一体化设备设计和故障排查,培养解决困难的耐心和决心,遵守工程项目实施的客观规律,培养严谨科学的学习态度。
(2) 通过小组实施分工,具备良好的团队协作和组织协调能力,培养工作实践中的团队精神,通过按照自动化国家标准和行业规范,开展任务实施,培养学生质量意识、绿色环保意识、安全用电意识。
(3) 通过实训室 6S 管理,培养学生具备清理、清洁、整理、整顿、素养、安全的职业素养。

项目情境

工业机器人搬运单元(见图 4-0-1)控制挂板的安装与接线已经完成,现需要利用采购回来的器件及材料,完成工业机器人搬运单元模型机构组装,并在该站型材桌面上安装机构模块、接气管,保证模型机构能够正确运行,系统符合专业技术规范。在规定时间内,按照任务要求完成本生产线的装调,以便生产线后期能够实现生产过程自动化。

拓展阅读7-工业机器人在生产中的应用

4-1-机器人搬运站

图 4-0-1 工业机器人搬运单元整机图

任务一 工业机器人搬运单元的机械构件组装与调整

任务描述

请根据图样资料完成工业机器人搬运单元的机器人夹具模块、B升降台模块、装配台模块的部件安装和气路连接,并根据各机构间的相对位置将其安装在本单元的工作台上。

任务准备

1. 模块分解图

工业机器人搬运单元模块分解,如图 4-1-1 所示。

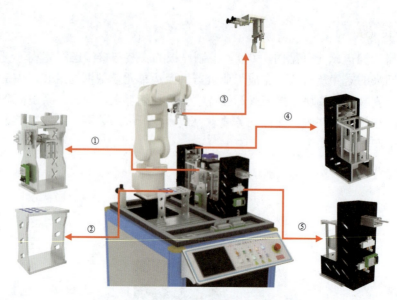

图 4-1-1 工业机器人搬运单元模块分解

①—装配台模块；②—标签台模块；③—机器人夹具模块；④—A 升降台模块；⑤—B 升降台模块

2. 各机构初始状态

各机构初始状态，见表 4-1-1。

表 4-1-1 工业机器人搬运单元各机构初始状态

机器人夹具模块	A 升降台模块	B 升降台模块	装配台模块
① 夹具吸盘关闭	① 推料气缸 A 缩回	① 推料气缸 B 缩回	① 挡料气缸下降 定位气缸伸出
② 工作气压 0.4～0.5 MPa	② 步进电动机停止	② 步进电动机停止	
③ 夹具抓手打开			

3. 桌面布局图

将组装好的机器人夹具模块、升降台模块、装配台模块按照合适的位置安装到型材板上，组成机器人搬运单元的机械结构，桌面布局及尺寸如图 4-1-2 所示。

4. 数字流量开关介绍

4-2- 流量计

机电一体化设备使用了数字流量计，用于测量设备工作时的耗气量，也可以对瞬时流量及累计流量等进行开关量输出，数字流量计的型号是 PF2A710-01-27，通过设置参数，选择设定模型及方法。请扫描二维码，了解流量计的工作原理及使用注意事项。

5. 材料及工具清单

项目四任务一耗材及工具清单，见表 4-1-2。

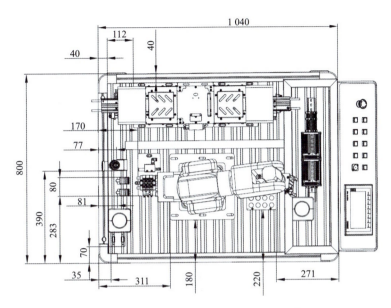

图 4-1-2 工业机器人搬运单元桌面布局图

表 4-1-2 耗材及工具清单表

任务编号	4.1		任务名称	工业机器人搬运单元的机械构件组装与调整
设备名称	机电一体化智能实训平台		实施地点	
设备系统	汇川/三菱		实训学时	4学时
参考文件	机电一体化智能实训平台使用手册			

工具/设备/耗材

	名称	规格型号	单位	数量
工具	内六角扳手		套	1
	螺丝刀		把	2
	刻度尺		把	2
	安全锤		个	1
设备	步进电动机	YK42XQ47-02A	台	2
	步进驱动器	YKD2305M	台	2
	工业机器人	ABB IRB120	台	1
		三菱 RV-2FR		
耗材	15针端子板		个	3
	普通平键A型	4×4×20	个	90

任务实施

1. 工业机器人搬运单元机械安装

工业机器人搬运单元各模块的安装步骤,见表 4-1-3。

4-3-工业机器人搬运单元装配流程

表 4-1-3　工业机器人搬运单元各模块的安装步骤

模块名称	模块效果图	注意事项
机器人夹具模块 4-4-机器人夹具模块	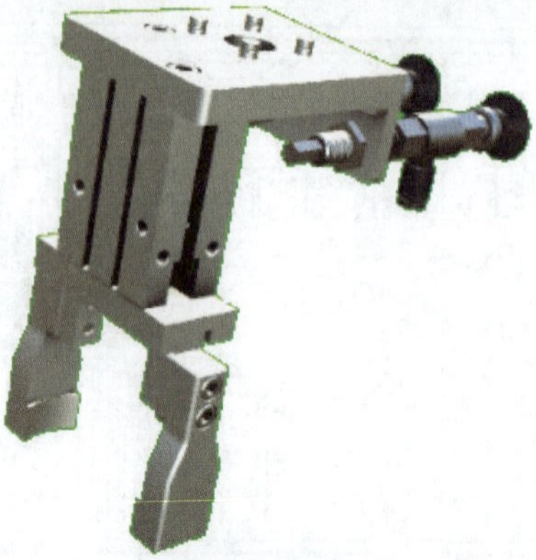	
装配台模块 4-5-升降模块	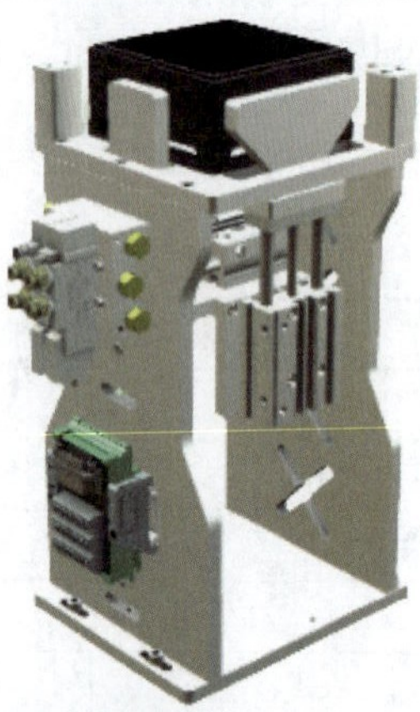	注意保证安装顺滑
升降台模块 4-6-推料模块	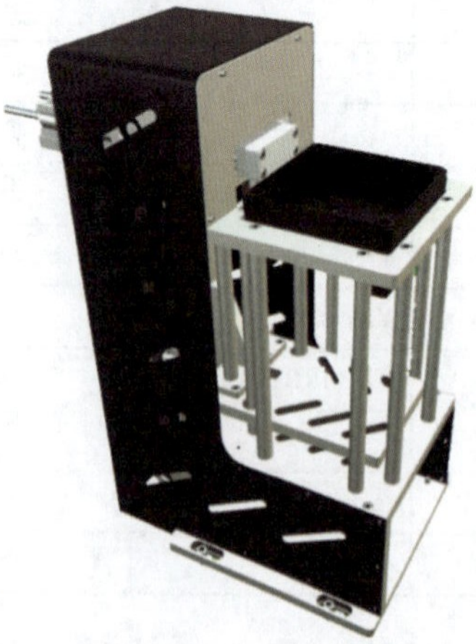	注意保证物料盒及物料盒盖放料顺滑后拧紧固定的相关螺钉

2. 工业机器人搬运单元气路安装

(1) 气路连接图

根据该单元的气路连接图,如图 4-1-3 所示,完成该机构执行元件的电气连接和气路连接,确保各气缸运行顺畅、平稳和电气元件的功能正确。

项目四　工业机器人搬运单元的安装与调试

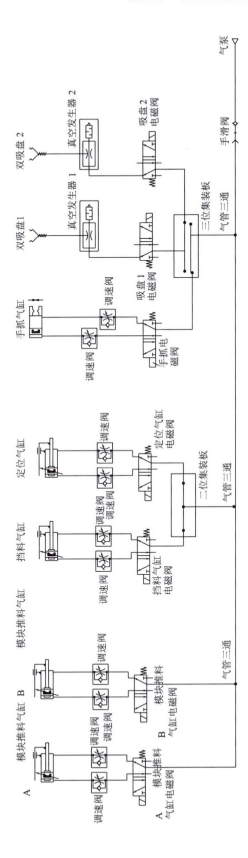

图 4-1-3　工业机器人搬运单元气路原理图

(2) 工业机器人搬运单元气路调试

打开气源,利用小一字螺丝刀对气动电磁阀的测试旋钮进行操作,按下测试旋钮,气缸状态发生改变即为气路连接正确。调试内容同项目一。

(3) 数位显示气压开关调试

气体压力开关调试:设定顺序为通电—量测模式—零点校正—基本设定模式—量测模式。请扫描二维码,查看压力开关参数设置及调试步骤。

4-7- 气压开关调试步骤

任务评价

评分表见表 4-1-4,对任务的实施情况进行评价,将评分结果记入评分表中。

表 4-1-4　评分表

评分表 _____学年		工作形式 □个人□小组分工□小组	工作时间 _____min	
任务	训练内容	配分	学生自评	教师评分
工业机器人搬运单元的机械构件组装与调整	机器人夹具模块零件齐全,零件安装部位正确;缺少零件,零件安装部位不正确,每处扣 1 分	12		
	装配台模块零件齐全,零件安装部位正确;缺少零件,零件安装部位不正确,每处扣 1 分	12		
	B 升降台模块零件齐全,零件安装部位正确;缺少零件,零件安装部位不正确,每处扣 1 分	12		
	各模块机构固定螺钉紧固,无松动;固定螺钉松动,每处扣 1 分,扣完为止	12		
	输送线型材主体与脚架立板垂直;不成直角,每处 2 分,扣完为止	10		
	各模块机构齐全,模块在桌面前后方向定位尺寸与布局图给定标准尺寸误差不超过 ±3 mm,超过不得分;每错漏 1 处扣 2 分,共 6 处,扣完为止	12		
	使用扎带绑扎气管,扎带间距小于 60 mm,均匀间隔,剪切后扎带长度 ≤1 mm,1 处不符合要求扣 0.1 分	10		
	气源二联件压力表调节到 0.4～0.5 MPa	8		
	气路测试,人工用小一字螺丝刀点击电磁阀测试按钮,检查气动连接回路是否正常,有无漏气现象,回路不正常或有漏气现象每处扣 2 分,共 6 个气缸,扣完为止	12		
合　计		100		

任务二　工业机器人搬运单元的电气连接与调试

任务描述

请完成该单元中如下连接与调试:
(1) 各接线端子电路的连接。

(2) 传感器元件电路连接与调试。
(3) 步进电动机的接线、参数设置与调试。

1. 步进电动机介绍

步进电动机是将输入的电脉冲信号转换成直线位移或角位移，即每输入一个脉冲，步进电动机就转动一个角度或前进一步。步进电动机的位移与输入脉冲的数目成正比，它的速度与脉冲频率成正比。步进电动机可以通过改变输入脉冲信号的频率进行调速，而且具有快速起动和制动的优点。

本单元的步进驱动系统主要是控制升降台 A 或 B 的升降。应用的步进电动机型号为 YK42XQ47-02A，与之配套的驱动器型号为 YKD2305M。此步进电动机为 2 相 4 线步进电动机，其步距角为 0.9°。步进驱动器如图 4-2-1 所示，图中对驱动器上接口进行了注解。驱动器端子的功能及设置说明表，见表 4-2-1。步进驱动器其参数需拨码改后才能正常使用，本单元设置步进驱动器的拨码为 00110110。

图 4-2-1　步进驱动器

表 4-2-1　驱动器端子的功能及设置说明表

标记符号	功能	注释
POWER/ALARM	电源、报警指示灯	绿色：电源指示灯 / 红色：故障指示灯
PU	步进脉冲信号	下降沿有效，即脉冲由高到低变化时，电动机走一步
DR	步进方向信号	用于改变电动机转向
MF	电动机释放信号	低电平时，关断电动机线圈电流，驱动器停止工作
+A	电动机接线	红色
-A		绿色
+B		蓝色
-B		黄色
+V	电源正极	DC 20～50 V
-V	电源负极	

2. 电气原理图

工业机器人搬运单元电气原理图，以三菱系统为例，如图 4-2-2 所示。汇川系统电气原理图请扫描二维码查看。

4-8-工业机器人搬运单元汇川系统电气原理图

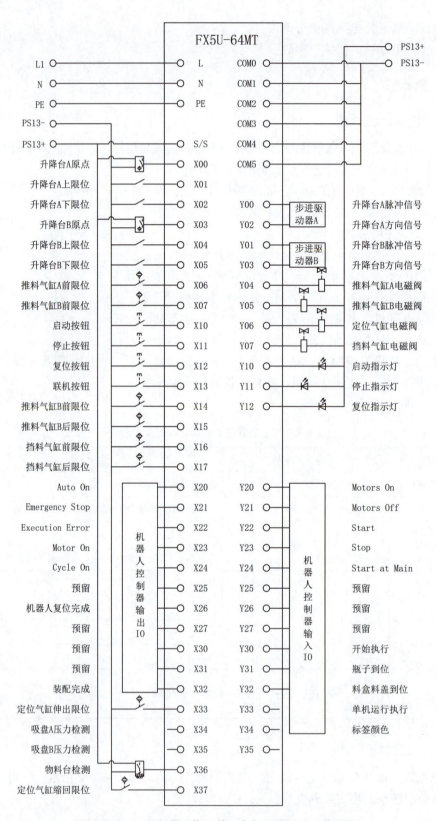

图 4-2-2　工业机器人搬运单元电气原理图（三菱系统）

3. 材料及工具清单

项目四任务二的耗材及工具清单，见表 4-2-2。

表 4-2-2 耗材及工具清单表

任 务 编 号	4.2	任 务 名 称	工业机器人搬运单元的电气连接与调试
设备名称	机电一体化智能实训平台	实施地点	
设备系统	汇川 / 三菱	实训学时	4 学时
参考文件	机电一体化智能实训平台使用手册		

工具 / 设备 / 耗材

	名称	规格型号	单位	数量
工具	内六角扳手		套	1
	螺丝刀		把	2
	剪刀		把	1
	刻度尺		把	1
设备	万用表		台	2
	线号管打印机		台	2
	空气压缩机		台	1
耗材	气管		米	5
	热缩管		米	1
	导线		米	10
	接线端子		个	200

任务实施

1. 端子板连接

请完成工业机器人搬运单元台面上，CN310 桌面 37 针端子板接线，引脚分配见表 4-2-3；完成 CN311 桌面组件 I/O 转换板接线，引脚分配见表 4-2-4；完成 CN300 升降台 A 模块端子板接线，引脚分配见表 4-2-5；完成 CN301 升降台 B 模块端子板接线，引脚分配见表 4-2-6；完成 CN302 装配台模块端子板接线，引脚分配见表 4-2-7。

表 4-2-3 CN310 桌面 37 针端子板引脚分配

端　子	线　号	功能描述
XT3-0	X00	升降台 A 原点传感器
XT3-1	X01	升降台 A 上限位（常闭）
XT3-2	X02	升降台 A 下限位（常闭）

续表

端　子	线　号	功　能　描　述
XT3-3	X03	升降台 B 原点传感器
XT3-4	X04	升降台 B 上限位（常闭）
XT3-5	X05	升降台 B 下限位（常闭）
XT3-6	X06	推料气缸 A 前限位
XT3-7	X07	推料气缸 A 后限位
XT3-8	FZA	升降台 A 上限位（常开）
XT3-9	ZZA	升降台 A 下限位（常开）
XT3-10	FZB	升降台 B 上限位（常开）
XT3-11	ZZB	升降台 B 下限位（常开）
XT3-12	X14	推料气缸 B 前限位
XT3-13	X15	推料气缸 B 后限位
XT3-14	X16	挡料气缸前限位
XT3-15	X17	挡料气缸后限位
XT2-4	Y04	升降台气缸 A 控制
XT2-5	Y05	升降台气缸 B 控制
XT2-6	Y06	定位气缸电磁阀
XT2-7	Y07	挡料气缸电磁阀
XT1\XT4	PS13+	24 V 电源正极
XT5	PS13-	24 V 电源负极

表 4-2-4　CN311 桌面组件 I/O 转换板引脚分配

端　子	线　号	功　能　描　述
XT3-11	X33	加盖定位气缸伸出回，X33 闭合
XT3-12	X34	吸盘 A 有效，X34 闭合
XT3-13	X35	吸盘 B 有效，X35 闭合
XT3-14	X36	物料台有物料，X36 闭合
XT3-15	X37	加盖定位气缸缩回，X37 闭合
XT1\XT4	PS13+	24 V 电源正极
XT5	PS13-	24 V 电源负极

表 4-2-5　CN300 升降台 A 模块端子板引脚分配

端　子	线　号	功　能　描　述
XT3-0	X00	升降台 A 原点传感器
XT3-1	X01	升降台 A 上限位（常闭）
XT3-2	X02	升降台 A 下限位（常闭）
XT3-3	FZA	升降台 A 上限位（常开）
XT3-4	ZZA	升降台 A 下限位（常开）
XT3-5	X06	推料气缸 A 前限位
XT3-6	X07	推料气缸 A 后限位
XT3-7	Y04	升降台气缸 A 控制
XT3-8	X36	物料台检测传感器
XT2	PS13+	24 V 电源正极
XT1	PS13-	24 V 电源负极

表 4-2-6　CN301 升降台 B 模块端子板引脚分配

端　子	线　号	功　能　描　述
XT3-0	X03	升降台 B 原点传感器
XT3-1	X04	升降台 B 上限位（常闭）
XT3-2	X05	升降台 B 下限位（常闭）
XT3-3	FZB	升降台 B 上限位（常开）
XT3-4	ZZB	升降台 B 下限位（常开）
XT3-5	X14	推料气缸 B 前限位
XT3-6	X15	推料气缸 B 后限位
XT3-7	Y05	升降台气缸 B 控制
XT2	PS13+	24 V 电源正极
XT1	PS13-	24 V 电源负极

表 4-2-7　CN302 装配台模块端子板引脚分配

端　子	线　号	功　能　描　述
XT3-0	Y06	定位气缸控制
XT3-1	Y07	挡料气缸控制
XT3-2	X37	定位气缸后限位
XT3-3	X17	挡料气缸后限位

续表

端　子	线　号	功能描述
XT3-4	X16	挡料气缸前限位
XT3-5	X33	定位气缸前限位
XT2	PS13+	24 V 电源正极
XT1	PS13-	0 V 电源负极

2．传感器元件电路连接与调试

各类输入输出元件的连接方法与颗粒上料单元类似，在此不再赘述。

任务评价

评分表见表 4-2-8，对该任务的实施情况进行评价，将评分结果记入评分表中。

表 4-2-8　评分表

评分表 _____学年		工作形式 □个人 □小组分工 □小组	工作时间 _____min		
任务	训练内容		配分	学生自评	教师评分
工业机器人搬运单元的电气连接与调试	根据任务书所列完成每个端子板的接线，缺少一个端子接线扣 1 分，扣完为止		14		
	导线进入行线槽，每个进线口不得超过 2 根导线，每处 1 分，扣完为止		12		
	每根导线对应一位接线端子，并用线鼻子压牢，不合格每处扣 1 分，扣完为止		12		
	端子进线部分，每根导线必须套用号码管，不合格每处扣 1 分，扣完为止		10		
	每个号码管必须进行正确编号，不正确每处扣 1 分，扣完为止		12		
	扎带捆扎间距为 50～80 mm，且同一线路上捆扎间隔相同，不合格每处扣 2 分，扣完为止		10		
	绑扎带切割不能留余太长，必须小于 1 mm 且不割手，若不符合要求每处扣 2 分，扣完为止		10		
	接线端子金属裸露不超过 2 mm，不合格每处扣 1 分，扣完为止		10		
	非同一个活动机构的气路、电路捆扎在一起，每处扣 2 分，扣完为止		10		
合　计			100		

任务三 工业机器人的操作

任务描述

前面两个任务，已经将设备的机械部分进行组装，并将电路和气路部分进行了组装，需要在了解相关理论知识的基础上，根据设备运行的要求，示教机器人点位信息，编写机器人控制程序，并且进行调试，使其能够正常运行。

任务准备

1. ABB工业机器人介绍

本设备的 ABB 工业机器人系统主要由本体 IRB 120（见图 4-3-1）、控制器 IRC5 compact 和示教单元 FlexPendant 组成。请扫描二维码，了解 ABB 工业机器人常用操作及示教方法。

图 4-3-1 ABB 工业机器人 IRB 120 本体图

2. 三菱工业机器人介绍

本设备的三菱工业机器人系统主要由本体 RV-2FR、控制器 CR800 和示教单元 R33TB-S03 组成。请扫描二维码，了解三菱工业机器人常用操作及示教方法。

3. 机器人搬运操作

（1）瓶子搬运功能

机器人从检测分拣单元的出料位将物料瓶搬运到包装盒中，路径规划合理，搬运过程中不得与任何机构发生碰撞。物料瓶搬运顺序，如图 4-3-2 所示。包装盒中装满四个物料瓶后，机器人回到原点位置，即使检测到检测分拣单元的出料位有物料瓶，机器人也不再进行抓取。

（2）盒盖搬运功能

机器人从点到包装盒盖位置，用吸盘将包装盒盖吸取并盖到包装盒上，路径规划合理，加盖过程中不得与任何机构发生碰撞，盖好后回到原点位置。包装盒中装满四个物料瓶后，机器人回到原点位置，即使检测到检测分拣单元的出料位有物料瓶，机器人也不再进行抓取。

（3）标签搬运功能

机器人从原点运动到包装盒盖位置，用吸盘依次将两个蓝色和两个白色标签吸取并贴到包装盒盖上，路径规划合理，贴标过程中不得与任何机构发生碰撞；标签摆放以及吸取顺序如图 4-3-3 所示。贴满四个标签后回到原点位置。

图 4-3-2 物料瓶搬运顺序

图 4-3-3 标签摆放顺序

1. 确定机器人控制器 I/O 分配

机器人控制器 I/O 地址功能分配表，见表 4-3-1。

表 4-3-1 机器人控制器 I/O 地址功能分配表

序号	PLC 信号	三菱机器人信号	三菱机器人端口功能描述	ABB 机器人信号	ABB 机器人端口功能描述
1	Y20	通用输入 0	STOP	DI00	Motors On
2	Y21	通用输入 1	SRVOFF	DI01	Motors Off
3	Y22	通用输入 2	SLOTINIT	DI02	Start
4	Y23	通用输入 3	START	DI03	Stop
5	Y24	通用输入 4	SRVON	DI04	Start at Main
6	Y25	通用输入 5	IOENA	DI05	预留
7	Y26	通用输入 6	预留	DI06	预留
8	Y27	通用输入 7	预留	DI07	预留
9	Y30	通用输入 8	开始执行	DI08	开始执行
10	Y31	通用输入 9	瓶子到位	DI09	瓶子到位
11	Y32	通用输入 10	料盒料盖到位	DI10	料盒料盖到位
12	Y33	通用输入 11	单机运行执行	DI11	单机运行执行
13	Y34	通用输入 12	标签颜色	DI12	标签颜色
14	X20	通用输出 0	START	DO00	Auto On
15	X21	通用输出 1	SRVON	DO01	Emergency Stop
16	X22	通用输出 2	ERRRESET	DO02	Execution Error
17	X23	通用输出 3	IOENA	DO03	Motor On
18	X24	通用输出 8	预留	DO04	Cycle On
19	X25	通用输出 9	预留	DO05	预留

续表

序　号	PLC 信号	三菱机器人信号	三菱机器人端口功能描述	ABB 机器人信号	ABB 机器人端口功能描述
20	X26	通用输出 10	机器人复位完成	DO06	机器人复位完成
21	X27	通用输出 11	预留	DO07	预留
22	X30	通用输出 12	预留	DO08	预留
23	X31	通用输出 13	预留	DO09	预留
24	X32	通用输出 14	装配完成	DO10	装配完成
25	无	通用输出 5	手抓	DO13	手抓
26	无	通用输出 6	双吸盘 1	DO14	双吸盘 1
27	无	通用输出 7	双吸盘 2	DO15	双吸盘 2

2. 确定机器人轨迹点位解析表

机器人点位解析表，见表 4-3-2。

表 4-3-2　机器人点位解析表

序　号	坐标点名称	坐标点含义	序　号	坐标点名称	坐标点含义
1	PHome	机器人原点	18	Pblue6	蓝色 6 号标签位置
2	P1	夹取瓶子等待位置	19	Pblue7	蓝色 7 号标签位置
3	PPickPZ	夹取瓶子位置	20	Pblue8	蓝色 8 号标签位置
4	P2	夹取瓶子转到装配台过渡点位置	21	Pblue9	蓝色 9 号标签位置
5	PPlacePZ1	放置第一个瓶子位置	22	Pblue10	蓝色 10 号标签位置
6	PPlacePZ2	放置第二个瓶子位置	23	Pblue11	蓝色 11 号标签位置
7	PPlacePZ3	放置第三个瓶子位置	24	Pblue12	蓝色 12 号标签位置
8	PPlacePZ4	放置第四个瓶子位置	25	P4	吸取上标签前往放置过渡点位置
9	P3	手抓转变吸盘过渡点位置	26	Fbluelabel1	放置蓝色标签 1 号位置
10	PPickLid	吸取盖子位置	27	Fbluelabel2	放置蓝色标签 2 号位置
11	PPlaceLid	放置盖子位置	28	Fbluelabel3	放置蓝色标签 3 号位置
12	PG	吸取标签过渡点位置	29	Fbluelabel4	放置蓝色标签 4 号位置
13	Pblue1	蓝色 1 号标签位置	30	Pwhite1	白色 1 号标签位置
14	Pblue2	蓝色 2 号标签位置	31	Pwhite1	白色 1 号标签位置
15	Pblue3	蓝色 3 号标签位置	32	Pwhite1	白色 1 号标签位置
16	Pblue4	蓝色 4 号标签位置	33	Pwhite2	白色 2 号标签位置
17	Pblue5	蓝色 5 号标签位置	34	Pwhite3	白色 3 号标签位置

续表

序 号	坐标点名称	坐标点含义	序 号	坐标点名称	坐标点含义
35	Pwhite4	白色 4 号标签位置	42	Pwhite11	白色 11 号标签位置
36	Pwhite5	白色 5 号标签位置	43	Pwhite12	白色 12 号标签位置
37	Pwhite6	白色 6 号标签位置	44	Fwhitelabel1	放白色标签 1 号位置
38	Pwhite7	白色 7 号标签位置	45	Fwhitelabel2	放白色标签 2 号位置
39	Pwhite8	白色 8 号标签位置	46	Fwhitelabel3	放白色标签 3 号位置
40	Pwhite9	白色 9 号标签位置	47	Fwhitelabel4	放白色标签 4 号位置
41	Pwhite10	白色 10 号标签位置			

3. 系统输入设定

用示教器对机器人 I/O 信号点进行关联设定，请扫描二维码，了解设置步骤。

4-11- 机器人 IO 设定步骤

4. 工具坐标与工件坐标的创建

用示教器进行工具与工件坐标创建，请扫描二维码，了解设置步骤。

5. 机器人程序编写

编写机器人程序，完成对瓶子搬运动作四次；搬运盒盖并对物料盒进行上盖；以及连续摆放四个标签于盒盖上，然后复位，单机动作完成。请扫描二维码，查看机器人运行程序。

4-12- 工具坐标与工件坐标的创建

🎓 任务评价

评分表见表 4-3-3，对任务的实施情况进行评价，将评分结果记入评分表中。

4-13- 工业机器人程序

表 4-3-3　评分表

任务	评分表 _____学年		工作形式 □个人 □小组分工 □小组		工作时间 _____min
任务		训练内容		配分	学生自评	教师评分
工业机器人的操作	系统 I/O 配置	DI1 配置成 Stop		5		
		DI3 配置成 Motors On		5		
		DI4 配置成 Start At Main		5		
		DI5 配置成 Reset Execution Error		5		
		DI6 配置成 Motors Off		5		

工业机器人的操作	系统 I/O 配置	DO1 配置成 Auto On	5		
		DO3 配置成 Emergency Stop	5		
		DO4 配置成 Execution Error	5		
		DO5 配置成 Motor On	5		
		DO6 配置成 Cycle On	5		
	合理规划机器人示教点及路径	搬运过程中不得与任何机构发生碰撞，若搬运过程中碰撞一次，扣 5 分，扣完为止	20		
		若检测机器人搬运单元的出料位无物料瓶，机器人需回到原点位置 PHome 等待	10		
		按照顺序将瓶子装入物料盒	10		
		物料盒中装满四个瓶子后，机器人回到原点位置 PHome	10		
合　　计			100		

任务四　工业机器人搬运单元的程序编写与调试

任务描述

完成工业机器人搬运单元控制程序、触摸屏工程设计并进行单机调试，保证能够进行正确运行，以便生产线后期能够实现生产过程自动化。

在任务完成时，请检查确认以下几点：

(1) 已经完成单元的机械安装、电气接线和气路连接，并确保器件的动作准确无误。

(2) 单元运行功能与要求一致。

(3) 根据任务书提供的监控画面数据监控表设计触摸屏画面，利用本单元触摸屏进行单站调试运行，包含启动、停止、复位、单周期等。画面颜色分配和触摸屏"手动 / 自动按钮"要求同颗粒上料单元组态画面。

单元运行功能流程要求具体如下：

(1) 该单元在单机状态，机器人切换到自动运行状态，按"复位"按钮，单元复位，机器人回到安全原点 PHome。

(2) "复位"指示灯（黄色灯，下同）闪亮显示。

(3) "停止"指示灯（红色灯，下同）灭。

(4) "启动"指示灯（绿色灯，下同）灭。

(5) 所有部件回到初始位置。

(6) "复位"指示灯（黄色灯）常亮，系统进入就绪状态。

(7) 第一次按"启动"按钮，机器人搬运单元盒盖升降机构将料盒料盖升起。

(8) 挡料气缸伸出，料盒升降机构的推料气缸将料盒推出至装配台，推出到位后推料气缸收回，同时定位气缸缩回。

(9) 物料台检测传感器动作。

(10) 该单元上的机器人开始执行瓶子搬运功能：机器人从检测分拣单元的出料位将物料瓶搬运到包装盒中，路径规划合理，搬运过程中不得与任何机构发生碰撞，物料瓶搬运顺序如图 4-4-1（a）所示。

① 机器人搬运完一个物料瓶后，若检测到检测分拣单元的出料位无物料瓶，则机器人回到原点位置等待，等出料位有物料瓶，再进行下一个抓取。

② 机器人搬运完一个物料瓶后，若检测到检测分拣单元的出料位有物料瓶等待抓取，则机器人无须再回到原点位置，可直接进行抓取，提高效率。

(11) 包装盒中装满四个物料瓶后，机器人回到原点位置，即使检测到检测分拣单元的出料位有物料瓶，机器人也不再进行抓取。

(12) 第二次按"启动"按钮，机器人开始自动执行盒盖搬运功能：机器人从点到包装盒盖位置，用吸盘将包装盒盖吸取并盖到包装盒上，路径规划合理，加盖过程中不得与任何机构发生碰撞，盖好后回到原点位置。

(13) 第三次按"启动"按钮，机器人开始自动执行标签搬运功能：机器人从点到标签台位置，用吸盘依次将两个蓝色和两个白色标签吸取并贴到包装盒盖上，路径规划合理，贴标签过程中不得与任何机构发生碰撞；标签摆放以及吸取顺序如图 4-4-1（b）所示。

(14) 机器人每贴完一个标签，无须回到原点位置，贴满四个标签后回到原点位置，机器人贴标签的顺序，如图 4-4-2 所示。

（a）物料瓶搬运顺序

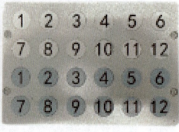
（b）标签摆放以及吸取顺序

图 4-4-1　物料瓶工位与标签摆放示意图

图 4-4-2　贴标签的工位示意图

(15) 机器人贴完标签，定位气缸伸出，挡料气缸缩回，等待入库。

(16) 系统在运行状态按"停止"按钮，该单元进入停止状态，即机器人停止运动，但机器人夹具要保持当前状态以避免物料掉落，而就绪状态下按此按钮无效。

任务实施

1. 确定PLC的I/O分配表

工业机器人搬运单元 I/O 地址功能分配表，见表 4-4-1。

表 4-4-1 工业机器人搬运单元 I/O 地址功能分配表

名 称	功能描述	备 注
X00	升降台 A 运动到原点，X00 断开	
X01	升降台 A 碰撞上限，X01 断开	
X02	升降台 A 碰撞下限，X02 断开	
X03	升降台 B 运动到原点，X03 断开	
X04	升降台 B 碰撞上限，X04 断开	
X05	升降台 B 碰撞下限，X05 断开	
X06	推料气缸 A 伸出，X06 闭合	
X07	推料气缸 A 缩回，X07 闭合	
X10	按下启动按钮，X10 闭合	
X11	按下停止按钮，X11 闭合	
X12	按下复位按钮，X12 闭合	
X13	按下联机按钮，X13 闭合	
X14	推料气缸 B 伸出，X14 闭合	
X15	推料气缸 B 缩回，X15 闭合	
X16	挡料气缸伸出，X16 闭合	
X17	挡料气缸缩回，X17 闭合	
X20～X32	未定义	机器人的输出点连接 PLC 的输入点
X33	加盖定位气缸伸出，X33 闭合	
X34	吸盘 A 有效，X34 闭合	
X35	吸盘 B 有效，X35 闭合	
X36	物料台有物料，X36 闭合	
X37	加盖定位气缸缩回，X37 闭合	
Y00	Y00 闭合给升降台 A 发脉冲	
Y01	Y01 闭合给升降台 B 发脉冲	
Y02	Y02 闭合改变升降台 A 方向	
Y03	Y03 闭合改变升降台 B 方向	
Y04	Y04 闭合升降台气缸 A 伸出	
Y05	Y05 闭合升降台气缸 B 伸出	
Y6	Y6 闭合加盖定位气缸伸出	
Y7	Y7 闭合挡料气缸伸出	
Y10	Y10 闭合启动指示灯亮	
Y11	Y11 闭合停止指示灯亮	
Y12	Y12 闭合复位指示灯亮	
Y20～Y34	未定义	PLC 的输出点连接机器人的输入点

2. 设计程序流程图

本单元程序按功能划分为多个模块，包括主程序流程图，如图 4-4-3 所示，盒子升降机构流程图，如图 4-4-4 所示。将程序分成多个模块后，编程思路更为清晰，调试更为方便。在编程时可分别编出各个子程序，并且将各个子程序调试完成之后再进行组合，最终使整个单元的程序完整。工业机器人搬运单元完整程序，请扫描二维码查看。

4-14- 工业机器人搬运单元程序

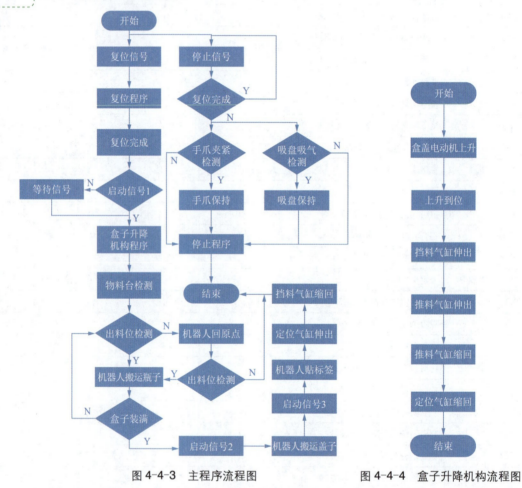

图 4-4-3　主程序流程图　　　　图 4-4-4　盒子升降机构流程图

3. 设计触摸屏画面

工业机器人搬运单元组态画面，如图 4-4-5 所示。指示灯输入信息为 1 时为绿色，输入信息为 0 时保持灰色。按钮强制输出 1 时为红色，按钮强制输出 0 时为灰色，触摸屏上必须设置一个手动 / 自动按钮，只有在该按钮被按下，且单元处于"单机"状态时，手动强制输出控制按钮有效。

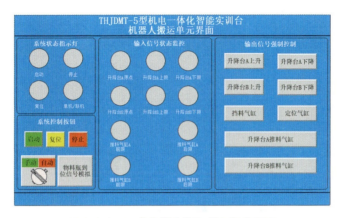

图 4-4-5 工业机器人搬运单元组态画面

4．触摸屏和PLC联机调试

请完成触摸屏和PLC联机调试。工业机器人搬运单元监控画面数据监控表，见表 4-4-2。

表 4-4-2 工业机器人搬运单元监控画面数据监控表

序 号	名 称	类 型	功 能 说 明
1	启动	位指示灯	启动状态指示灯
2	停止	位指示灯	停止状态指示灯
3	复位	位指示灯	复位状态指示灯
4	单机/联机	位指示灯	单机/联机状态指示灯
5	升降台 A 原点	位指示灯	升降台 A 原点指示灯
6	升降台 A 上限位	位指示灯	升降台 A 上限位指示灯
7	升降台 A 下限位	位指示灯	升降台 A 下限位指示灯
8	升降台 B 原点	位指示灯	升降台 B 原点指示灯
9	升降台 B 上限位	位指示灯	升降台 B 上限位指示灯
10	升降台 B 下限位	位指示灯	升降台 B 下限位指示灯
11	推料气缸 A 前限位	位指示灯	推料 A 前限位指示灯
12	推料气缸 A 后限位	位指示灯	推料 A 后限位指示灯
13	推料气缸 B 前限位	位指示灯	推料 B 前限位指示灯
14	推料气缸 B 后限位	位指示灯	推料 B 后限位指示灯
15	升降台 A 上升	标准按钮	该按钮按下，升降台 A 上升一个物料盒的高度
16	升降台 A 下降	标准按钮	该按钮按下，升降台 A 下降一个物料盒的高度
17	升降台 B 上升	标准按钮	该按钮按下，升降台 B 上升一个盒盖的高度
18	升降台 B 下降	标准按钮	该按钮按下，升降台 B 下降一个盒盖的高度
19	升降台 A 推料气缸	标准按钮	该按钮按下，升降台 A 推料气缸推出
20	升降台 B 推料气缸	标准按钮	该按钮按下，升降台 B 推料气缸推出

续表

序 号	名 称	类 型	功能说明
21	挡料气缸	标准按钮	该按钮按下,挡料气缸推出
22	定位气缸	标准按钮	该按钮按下,定位气缸收回
23	手动/自动	开关	手动/自动模式切换
24	物料瓶到位信号模拟	标准按钮	该按钮按下代表检测分拣单元的出料位有物料瓶
25	启动	标准按钮	与实体启动按钮功能相同
26	停止	标准按钮	与实体停止按钮功能相同
27	复位	标准按钮	与实体复位按钮功能相同

任务评价

评分表见表 4-4-3,对任务的实施情况进行评价,将评分结果记入评分表中。

表 4-4-3 评分表

任务	评分表 _____学年	工作形式 □个人 □小组分工 □小组		工作时间 _____min	
	训练内容		配分	学生自评	教师评分
工业机器人搬运单元的程序编写与调试——运行功能测试	(1) 上电,系统处于"停止"状态。"停止"指示灯亮,"启动"和"复位"指示灯灭		4		
	(2) 在"停止"状态下,按下"复位"按钮,该单元复位,复位过程中:				
	①"复位"指示灯闪烁(2 Hz)		4		
	② 所有机构回到初始位置		4		
	③ 复位完成后,"复位"指示灯常亮,"启动"和"停止"指示灯灭		4		
	④"运行"或"复位"状态下,按"启动"按钮无效		4		
	(3) 在"复位"就绪状态下,按下"启动"按钮,单元启动,"启动"指示灯亮,"停止"和"复位"指示灯灭		4		
	(4) 第一次按"启动"按钮,机器人搬运单元盒盖升降机构将料盒料盖升起		6		
	(5) 挡料气缸伸出,料盒升降机构的推料气缸将料盒推出至装配台,推出到位后推料气缸收回,同时定位气缸缩回		4		
	(6) 物料台检测传感器动作		4		
	(7) 该单元上的机器人开始执行瓶子搬运功能:机器人从检测分拣单元的出料位将物料瓶搬运到包装盒中,路径规划合理,搬运过程中不得与任何机构发生碰撞				
	① 机器人搬运完一个物料瓶后,若检测到检测分拣单元的出料位无物料瓶,则机器人回到原点位置等待,等出料位有物料瓶,再进行下一个抓取		4		
	② 机器人搬运完一个物料瓶后,若检测到检测分拣单元的出料位有物料瓶等待抓取,则机器人无须再回到原点位置,可直接进行抓取		6		
	(8) 包装盒中装满四个物料瓶后,机器人回到原点位置,即使检测到检测分拣单元的出料位有物料瓶,机器人也不再进行抓取		6		

工业机器人搬运单元的程序编写与调试——运行功能测试	（9）第二次按"启动"按钮，机器人开始自动执行盒盖搬运功能：机器人从原点到包装盒盖位置，用吸盘将包装盒盖吸取并盖到包装盒上，路径规划合理，加盖过程中不得与任何机构发生碰撞，盖好后回到原点位置	4		
	（10）第三次按"启动"按钮，机器人开始自动执行标签搬运功能：机器人从原点到标签台位置，用吸盘依次将两个蓝色和两个白色标签吸取并贴到包装盒盖上，路径规划合理，贴标过程中不得与任何机构发生碰撞	4		
	（11）机器人每贴完一个标签，无须回到原点位置，贴满四个标签后回到原点位置	4		
	（12）机器人贴完标签，定位气缸伸出，挡料气缸缩回，等待入库	4		
	（13）系统在运行状态按"停止"按钮，即机器人停止运动，但机器人夹具要保持当前状态以避免物料掉落，而就绪状态下按此按钮无效。"停止"指示灯亮；"运行"指示灯灭	4		
工业机器人搬运单元的程序编写与调试——触摸屏功能测试	触摸屏界面上有无"工业机器人搬运单元界面"字样	4		
	触摸屏画面有无错别字，每错1个字扣0.5分，扣完为止	5		
	布局画面是否符合任务书要求，不符合扣1分	1		
	14个指示灯有且功能正确；1个指示灯缺失或功能不正确扣0.5分，扣完为止	8		
	16个按钮和1个开关全有且功能正确；1个按钮缺失或功能不正确扣0.5分，扣完为止	8		
合　　计		100		

任务五　工业机器人搬运单元的故障排除

任务描述

本任务是依据工业机器人搬运单元的控制功能要求、机械机构图样、电气接线图样规定的I/O分配表安装要求等，对单元进行运行调试，排除电气线路及元器件等故障，确保单元内电路、气路及机械机构能正常运行，并将故障现象描述、故障部件分析、故障排除步骤填写到"排除故障操作记录卡"中。

任务准备

常用故障排查方法，同项目一任务四。

任务实施

1. 故障一

认真观察故障现象，分析故障原因，撰写故障分析流程，填写排除故障操作记录卡，见表4-5-1。

表 4-5-1　排除故障操作记录卡（1）

故障现象	步进电动机只能单方向运动
故障分析	
故障排除	

2. 故障二

认真观察故障现象，分析故障原因，撰写故障分析流程，填写排除故障操作记录卡，见表 4-5-2。

表 4-5-2　排除故障操作记录卡（2）

故障现象	设备上电后，机器人不能启动
故障分析	
故障排除	

3. 故障三

认真观察故障现象，分析故障原因，撰写故障分析流程，填写排除故障操作记录卡，见表 4-5-3。

表 4-5-3　排除故障操作记录卡（3）

故障现象	机器人运动过程中，出现报警错误
故障分析	
故障排除	

任务评价

评分表见表 4-5-4，对任务的实施情况进行评价，将评分结果记入评分表中。

表 4-5-4　评分表

评分表 _____学年		工作形式 □个人 □小组分工 □小组		工作时间 _____min	
任务	训练内容	训练要求	配分	学生自评	教师评分
工业机器人搬运单元的故障检修	每个故障现象描述记录准确	每个故障点与故障现象记录准确，每缺少5个或错误一个扣5分，扣完为止	25		
	故障原因分析正确	错误或未查找出故障原因等，错误每次扣5分，扣完为止	25		
	故障排除合理	解决思路描述不合理、故障点描述本身错误或未查找出故障等每次扣5分，扣完为止	50		
		合　计	100		

机电一体化项目

智能仓储单元的安装与调试

知识目标
(1) 了解智能仓储单元的安装、运行过程。
(2) 熟悉伺服电动机和驱动器的选用、工作原理和接线。
(3) 熟悉生产线中典型气动元件的选用和工作原理。
(4) 掌握本单元控制线路的工作原理及常见故障分析及检修。
(5) 了解现场管理知识、安全规范及产品检验规范。

能力目标
(1) 能对本单元电气元件——伺服电动机、伺服驱动器进行单点故障分析和排查。
(2) 能够分析智能仓储单元自动化控制要求,提出自动线 PLC 编程解决方案,会开展自动运行的组态设计、调试工作。

素质目标
(1) 通过对机电一体化设备设计和故障排查,培养解决困难的耐心和决心,遵守工程项目实施的客观规律,培养严谨科学的学习态度。
(2) 通过小组实施分工,具备良好的团队协作和组织协调能力,培养工作实践中的团队精神,通过按照自动化国家标准和行业规范,开展任务实施,培养学生质量意识、绿色环保意识、安全用电意识。
(3) 通过实训室 6S 管理,培养学生具备清理、清洁、整理、整顿、素养、安全的职业素养。

项目情境

5-1- 智能仓储单元运行

智能仓储单元（见图 5-0-1）控制挂板的安装与接线已经完成，现需要利用采购回来的器件及材料，完成智能仓储单元模型机构组装，并在该站型材桌面上安装机构模块、接气管，保证模型机构能够正确运行，系统符合专业技术规范。在规定时间内，按任务要求完成本生产线的装调，以便生产线后期能够实现生产过程自动化。

图 5-0-1 智能仓储单元图

任务一 智能仓储单元的机械构件组装与调整

任务描述

请根据图样资料，完成智能仓储单元的堆垛机模块、立体仓库 A 模块、立体仓库 B 模块部件安装和气路连接，并根据各机构间的相对位置将其安装在本单元的工作台上。

任务准备

1. 模块分解图

智能仓储单元模块分解，如图 5-1-1 所示。

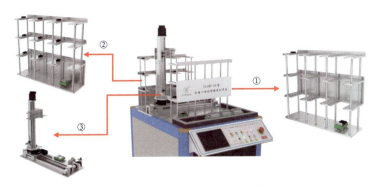

图 5-1-1 智能仓储单元模块分解

①—立体仓库 A 模块；②—立体仓库 B 模块；③—堆垛机模块

2. 各机构初始状态

各机构初始状态，见表 5-1-1。

表 5-1-1 智能仓储单元各机构初始状态

气源件模块	堆垛机旋转轴	堆垛机升降轴	堆垛机托料盘
① 工作气压 0.4～0.5 MPa	① 伺服电动机停止 ② 旋转轴处于原点位置	① 伺服电动机停止 ② 升降轴处于原点位置	① 拾取气缸缩回 ② 吸盘关闭

3. 桌面布局图

将组装好的堆垛机模块、立体仓库 A 模块、立体仓库 B 模块按照合适的位置安装到型材板上，组成智能仓储单元的机械结构，桌面布局及尺寸如图 5-1-2 所示。

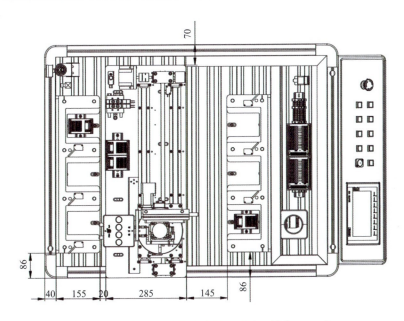

图 5-1-2 智能仓储单元桌面布局图（单位：mm）

4. 材料及工具清单

项目五任务一的耗材及工具清单，见表 5-1-2。

表 5-1-2 耗材及工具清单表

任 务 编 号	5.1	任 务 名 称	智能仓储单元的机械构件组装与调整
设备名称	机电一体化智能实训平台	实施地点	
设备系统	三菱/汇川	实训学时	4 学时
参考文件	机电一体化智能实训平台使用手册		
工具/设备/耗材			

	名称	规格型号	单位	数量
工具	内六角扳手		套	1
	螺丝刀		把	2
	安全锤		个	1
	刻度尺		把	1
设备	伺服驱动器	MR-JE-10A	台	2
	伺服电动机	HG-KN13J-S100	台	2
耗材	15 针端子板		个	3
	普通平键 A 型	4×4×20	个	50
	圆柱头螺钉	M4×25	个	100

任务实施

1. 智能仓储单元机械安装

智能仓储单元各模块的安装步骤，见表 5-1-3。

5-2- 智能仓储单元装配流程装配流程

表 5-1-3 智能仓储单元的安装步骤

模块名称	模块效果图	注意事项
立体仓库 A 模块  5-3- 前货架模块		注意装配过程中水平放置

续表

模块名称	模块效果图	注意事项
立体仓库B模块 5-4-后货架模块		
堆垛机模块 5-5-堆垛机模块		

2. 智能仓储单元气路安装

（1）气路连接图

根据该单元的气路连接图（见图 5-1-3），完成该机构执行元件的电气连接和气路连接，确保各气缸运行顺畅、平稳和电气元件的功能正确。

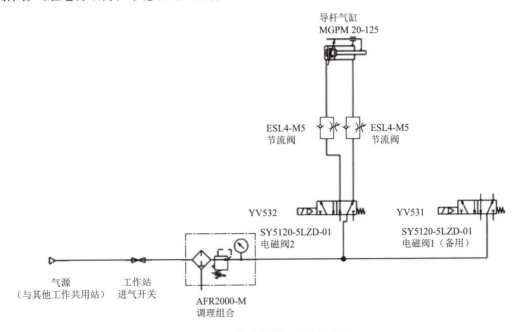

图 5-1-3 智能仓储单元气路原理图

(2) 智能仓储单元气路调试

打开气源，利用小一字螺丝刀对气动电磁阀的测试旋钮进行操作，按下测试旋钮，气缸状态发生改变即为气路连接正确。调试内容同项目一。

任务评价

评分表见表 5-1-4，对任务的实施情况进行评价，将评分结果记入评分表中。

表 5-1-4 评分表

评分表 _____ 学年			工作形式 □个人 □小组分工 □小组		工作时间 _____ min	
任务			训练内容	配分	学生自评	教师评分
智能仓储单元的机械构件组装与调整	堆垛机装置安装	主轴安装牢固	螺钉安装不牢固，每个扣 0.1 分，扣完为止	10		
			GTH6A-BC-300 模组安装不牢固，扣 1 分	10		
		拖链松紧合适	拖链太松或太紧，扣 1 分	10		
			同步轮和从动轮位置安装错误，扣 1 分	10		
		伺服电动机和步进电动机安装正确	伺服电动机与步进电动机安装不牢固扣 1 分	10		
			伺服电动机与步进电动机不能正常工作扣 1 分	10		
	立体仓库模块安装	模块安装牢固	螺钉安装不牢固，每个扣 0.1 分，扣完为止	5		
		货架安装	货架层板有松动，扣 1 分	2		
			货架层板没有水平，扣 1 分	10		
		传感器安装	传感器安装不牢固，每个扣 0.5 分	10		
			传感器安装不全，每个扣 1 分	2		
	货架叉板装置安装	装置安装牢固	螺钉安装不牢固，每个扣 0.1 分，扣完为止	5		
		气路安装不漏气	气缸定位安装不牢固，一处扣 1 分	2		
			气路漏气，每处扣 0.1 分，扣完为止	4		
合　计				100		

任务二　智能仓储单元的电气连接与调试

任务描述

请完成该单元中如下连接与调试：

(1) 各接线端子电路的连接。

(2) 传感器元件电路连接与调试。

(3) 步进电动机驱动器的接线、参数设置与调试。
(4) 伺服电动机驱动器的接线、参数设置与调试。

1. 伺服驱动器介绍

(1) 伺服驱动器基本介绍

伺服驱动器（servo drives）又称"伺服控制器""伺服放大器"，是用来控制伺服电动机的一种控制器，其作用类似于变频器作用于普通交流电动机，属于伺服系统的一部分，主要应用于高精度的定位系统。一般是通过位置、速度和力矩三种方式对伺服电动机进行控制，实现高精度的传动系统定位，是传动技术的高端产品。

(2) 了解伺服调速原理

① 主流的伺服驱动器均采用数字信号处理器（DSP）作为控制核心，可以实现比较复杂的控制算法，实现数字化、网络化和智能化。功率器件普遍采用以智能功率模块（IPM）为核心设计的驱动电路，IPM 内部集成了驱动电路，同时具有过电压、过电流、过热、欠电压等故障检测保护电路，在主回路中还加入软启动电路，以减小启动过程对驱动器的冲击。功率驱动单元首先通过三相全桥整流电路对输入的三相电或者市电进行整流，得到相应的直流电。经过整流好的三相电或市电，再通过三相正弦脉冲宽度调制（PWM）电压型逆变器变频来驱动三相永磁式同步交流伺服电动机。简单地说，功率驱动单元的整个过程就是 AC—DC—AC 的过程。整流单元（AC—DC）主要的拓扑电路是三相全桥不控整流电路。

② 随着伺服系统的大规模应用，伺服驱动器使用、伺服驱动器调试、伺服驱动器维修都是伺服驱动器在当今比较重要的技术课题，越来越多工控技术服务商对伺服驱动器技术进行了深层次研究。

③ 伺服驱动器是现代运动控制的重要组成部分，被广泛应用于工业机器人及数控加工中心等自动化设备中。尤其是应用于控制交流永磁同步电动机的伺服驱动器已经成为国内外研究热点。当前交流伺服驱动器设计中普遍采用基于矢量控制的电流、速度、位置三闭环控制算法。该算法中速度闭环设计合理与否，对于整个伺服控制系统，特别是速度控制性能的发挥起关键作用。

(3) 本设备使用的伺服驱动器型号为三菱 MR-JE-10A，如图 5-2-1 所示。

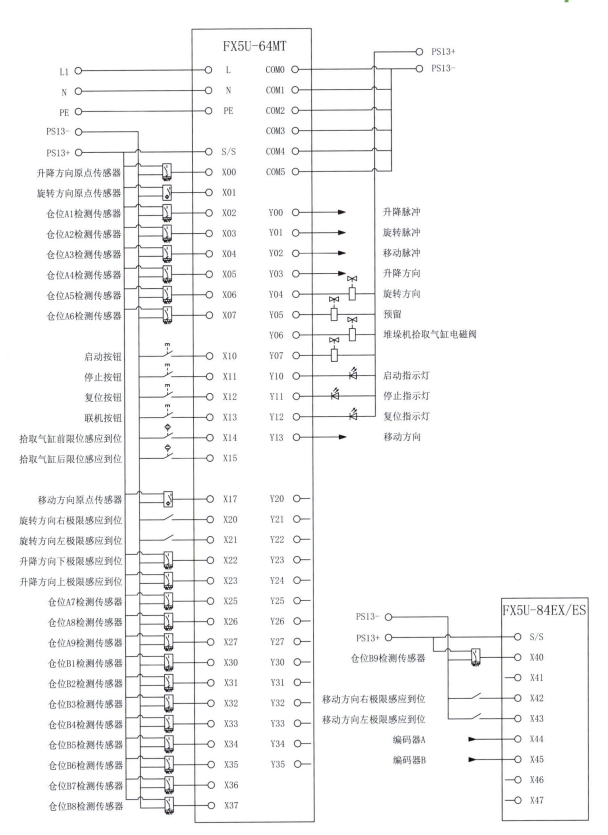

图 5-2-2 智能仓储单元电气原理图（三菱系统）

3. 材料及工具清单

项目五任务二的耗材及工具清单，见表 5-2-1。

表 5-2-1　耗材及工具清单表

任务编号	5.2	任务名称	智能仓储单元的电气连接与调试
设备名称	机电一体化智能实训平台	实施地点	
设备系统	三菱 / 汇川	实训学时	12 学时
参考文件	机电一体化智能实训平台使用手册		

工具 / 设备 / 耗材

	名称	规格型号	单位	数量
工具	螺丝刀		把	2
	剪刀		把	1
	刻度尺		把	1
	压线钳		把	1
	自动剥线钳		把	1
设备	万用表		台	2
	线号管打印机		台	2
	空气压缩机		台	1
耗材	气管		米	5
	热缩管		米	1
	导线		米	10
	接线端子		个	200
	光电传感器	EE-SX951-W	个	10
	高精度光纤传感器	FM-E31	个	10
	冷压接线鼻子		个	50
	扎带		条	50
	电磁阀	7V0510M5B050	个	5
	37 针端子板		个	2
	磁性开关	CMS G-020	个	5

 任务实施

1. 端子板连接

请完成智能仓储单元台面上，CN300 堆垛升降模块端子板接线，引脚分配见表 5-2-2；

完成 CN301 堆垛旋转模块端子板接线，引脚分配见表 5-2-3；完成 CN302 仓库 A 模块端子板接线，引脚分配见表 5-2-4；完成 CN303 仓库 B 模块端子板接线，引脚分配见表 5-2-5；完成 CN310 桌面 37 针端子板接线，引脚分配见表 5-2-6；完成 CN311 桌面 37 针端子板接线，引脚分配见表 5-2-7；完成 CN312 桌面 37 针端子板接线，引脚分配见表 5-2-8。

表 5-2-2 CN300 堆垛升降模块端子板引脚分配

端　子	线　号	功能描述
XT3-0	X00	升降轴原点传感器
XT3-1	LSN1	升降轴下限位常闭
XT3-2	X22	升降轴下限位常开
XT3-3	LSP1	升降轴上限位常闭
XT3-4	X23	升降轴上限位常开
XT3-5	X14	拾取气缸前限位
XT3-6	J15	拾取气缸后限位
XT3-7	Y05	拾取吸盘电磁阀
XT3-8	Y06	拾取气缸电磁阀
XT2	PS13+	24 V 电源正极
XT1	PS13-	24 V 电源负极

表 5-2-3 CN301 堆垛旋转模块端子板引脚分配

端　子	线　号	功能描述
XT3-0	X01	旋转轴原点传感器
XT3-1	LSP2	旋转轴右限位常闭
XT3-2	X20	旋转轴右限位常开
XT3-3	LSN2	旋转轴左限位常闭
XT3-4	X21	旋转轴左限位常开
XT3-5	X17	移动轴原点传感器
XT3-6	X42	移动轴右限位常开
XT3-7	X43	移动轴左限位常开
XT3-8	A	编码器 A
XT3-9	B	编码器 B
XT2	PS13+	24 V 电源正极
XT1	PS13-	24 V 电源负极

表 5-2-4　CN302 仓库 A 模块端子板引脚分配

端　子	线　号	功 能 描 述
XT3-0	X02	仓位 A1 检测传感器
XT3-1	X03	仓位 A2 检测传感器
XT3-2	X04	仓位 A3 检测传感器
XT3-3	X05	仓位 A4 检测传感器
XT3-4	X06	仓位 A5 检测传感器
XT3-5	X07	仓位 A6 检测传感器
XT3-6	X25	仓位 A7 检测传感器
XT3-7	X26	仓位 A8 检测传感器
XT3-8	X27	仓位 A9 检测传感器
XT2	PS13+	24 V 电源正极
XT1	PS13-	24 V 电源负极

表 5-2-5　CN303 仓库 B 模块端子板引脚分配

端　子	线　号	功 能 描 述
XT3-0	X30	仓位 B1 检测传感器
XT3-1	X31	仓位 B2 检测传感器
XT3-2	X32	仓位 B3 检测传感器
XT3-3	X33	仓位 B4 检测传感器
XT3-4	X34	仓位 B5 检测传感器
XT3-5	X35	仓位 B6 检测传感器
XT3-6	X36	仓位 B7 检测传感器
XT3-7	X37	仓位 B8 检测传感器
XT3-8	X40	仓位 B9 检测传感器
XT2	PS13+	24 V 电源正极
XT1	PS13-	24 V 电源负极

表 5-2-6　CN310 桌面 37 针端子板引脚分配

端　子	线　号	功 能 描 述
XT3-1	X01	旋转轴原点传感器
XT3-2	X02	仓位 A1 检测传感器
XT3-3	X03	仓位 A2 检测传感器

续表

端　子	线　号	功能描述
XT3-4	X04	仓位 A3 检测传感器
XT3-5	X05	仓位 A4 检测传感器
XT3-6	X06	仓位 A5 检测传感器
XT3-7	X07	仓位 A6 检测传感器
XT3-8	LSP2	旋转轴右限位常闭
XT3-9	X20	旋转轴右限位常开
XT3-10	LSN2	旋转轴左限位常闭
XT3-11	X21	旋转轴左限位常开
XT3-13	X25	仓位 A7 检测传感器
XT3-14	X26	仓位 A8 检测传感器
XT3-15	X27	仓位 A9 检测传感器
XT1/XT4	PS13+	24 V 电源正极
XT5	PS13-	24 V 电源负极

表 5-2-7　CN311 桌面 37 针端子板引脚分配

端　子	线　号	功能描述
XT3-0	X00	升降轴原点传感器
XT3-1	LSN1	升降轴下限位常闭
XT3-2	X22	升降轴下限位常开
XT3-3	LSP1	升降轴上限位常闭
XT3-4	X23	升降轴上限位常开
XT3-5	X30	仓位 B1 检测传感器
XT3-6	X31	仓位 B2 检测传感器
XT3-7	X32	仓位 B3 检测传感器
XT3-8	X33	仓位 B4 检测传感器
XT3-9	X34	仓位 B5 检测传感器
XT3-10	X35	仓位 B6 检测传感器
XT3-11	X36	仓位 B7 检测传感器
XT3-12	X14	拾取气缸前限位
XT3-13	J15	拾取气缸后限位
XT3-14	X37	仓位 B8 检测传感器

续表

端　子	线　号	功能描述
XT3-15	X40	仓位 B9 检测传感器
XT2-5	Y05	预留
XT2-6	Y06	拾取气缸电磁阀
XT1/XT4	PS13+	24 V 电源正极
XT5	PS13-	24 V 电源负极

表 5-2-8　CN312 桌面 37 针端子板引脚分配

端　子	线　号	功能描述
XT3-0	X17	移动轴原点传感器
XT3-2	X42	移动轴右限常开
XT3-4	X43	移动轴左限常开
XT3-5	A	编码器 A
XT3-6	B	编码器 B
XT1/XT4	PS13+	24 V 电源正极
XT5	PS13-	24 V 电源负极

2．电气元件接线

各类输入输出元件的连接方法与颗粒上料单元类似，在此不再赘述。

3．伺服驱动器的接线、参数设置与指令

伺服驱动器电源和控制器的接线步骤，见表 5-2-9。

表 5-2-9　伺服驱动器的接线步骤

步　骤	图　片	说　明
1.电源接线	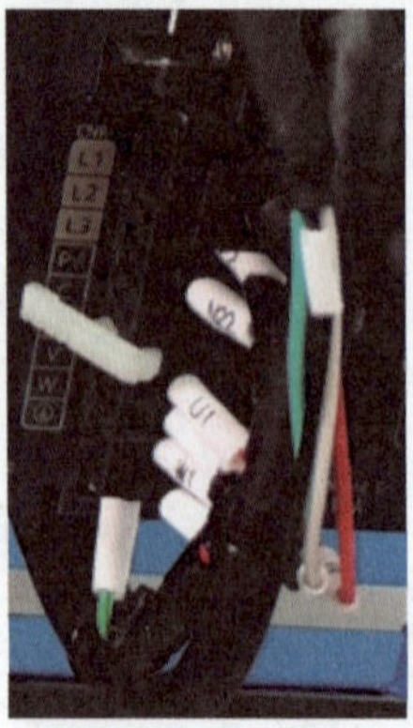	伺服驱动器的 L1、L3 端接入单相交流电；伺服驱动器的 U、V、W、PE 端接到三相异步电动机

步　　骤	图　　片	说　　明
2.伺服驱动器控制信号接线		伺服驱动器的输入信号端连接PLC输出点

三菱伺服驱动器参数指令，见表 5-2-10。

表 5-2-10　三菱伺服驱动器参数指令表

指　　令	控制的轴	含　　义
SM5660	轴1	正转极限
SM5661	轴2	正转极限
SM5662	轴3	正转极限
SM5663	轴4	正转极限
SM5676	轴1	反转极限
SM5677	轴2	反转极限
SM5678	轴3	反转极限
SM5679	轴4	反转极限
DDSZR	设定轴	使用该指令进行机械式原点复位
DDRVA	设定轴	该指令通过绝对驱动进行1挡定位

任务评价

评分表见表 5-2-11，对任务的实施情况进行评价，将评分结果记入评分表中。

表 5-2-11　评分表

评分表 ＿＿＿＿学年		工作形式 □个人□小组分工□小组		工作时间 ＿＿＿＿min	
任务	训练内容		配分	学生自评	教师评分
智能仓储单元电路的连接与操作	伺服电动机运行正常；步进电动机运行正常，不能运行，扣2分		10		
	根据任务书所列完成每个端子板的接线，缺少一个端子接线扣0.2分，扣完为止		10		

	导线进入行线槽，每个进线口不得超过2根，分布合理、整齐，单根电线直接进入走线槽且不交叉，出现单口进行超过2根、交叉、不整齐的每处扣每处1分，扣完为止	10		
	每根导线对应一位接线端子，并用线鼻子压牢，不合格每处扣0.1分，扣完为止	10		
	端子进线部分，每根导线必须套用号码管，不合格每处扣0.1分，扣完为止	10		
智能仓储单元电路的连接与操作	每个号码管必须进行正确编号，不正确每处扣0.1分，扣完为止	10		
	扎带捆扎间距为50～80 mm，且同一线路上捆扎间隔相同，不合格每处扣0.1分，扣完为止	10		
	绑扎带切割不能留余太长，必须小于1 mm且不割手，若不符合要求每处扣0.1分，扣完为止	10		
	接线端子金属裸露不超过2 mm，不合格每处扣0.1分，扣完为止	10		
	非同一个活动机构的气路、电路捆扎在一起，每处扣0.1分，扣完为止	10		
合 计		100		

任务三　智能仓储单元的程序编写与调试

任务描述

完成智能仓储单元PLC控制程序设计，并进行单机调试，保证能够进行正确运行，以便生产线后期能够实现生产过程自动化。

任务准备

在任务完成时，你需要检查确认以下几点：

（1）已经完成单元的机械安装、电气接线和气路连接，并确保器件的动作准确无误。

（2）单元运行功能与要求一致。

（3）利用本单元触摸屏进行单站调试运行，包含启动、停止、复位、单周期等，指示灯输入信息为1时为绿色，输入信息为0时保持灰色。按钮强制输出1时为红色，按钮强制输出0时为灰色，触摸屏上必须设置一个手动/自动按钮，只有在该按钮被按下，且单元处于"单机"状态，手动强制输出控制按钮有效。

（4）完成控制程序设计。

单元运行功能流程要求具体如下：

（1）上电，系统处于"复位"状态下，"启动"和"停止"指示灯灭，该单元复位；复位过程中，"复位"指示灯闪烁，所有机构回到初始位置；复位完成后，"复位"指示灯常亮。（"运行"状态下按"复位"按钮无效）

（2）在"复位"就绪状态下，按下"启动"按钮，单元启动，"启动"指示灯亮，"停止"和"复位"指示灯灭。（"停止"或"复位未完成"状态下，按"启动"按钮无效）

（3）第一次按"启动"按钮，堆垛机启动运行，运行到包装工作台位置等待。

（4）第二次按"启动"按钮，堆垛机拾取气缸伸出到位。

（5）堆垛机向上提升合适的高度后，拾取气缸收回。

（6）堆垛机构旋转到 B1 号仓储位，堆垛机构旋转过程中，包装盒不允许与包装工作台或智能仓库发生任何摩擦或碰撞。

（7）如果当前仓位有包装盒存在，堆垛机构旋转到 B4 号仓储位，按照 B1、B4、B7、B2、B5、B8、B3、B6、B9 顺序依次类推。

（8）如果当前仓位空，则堆垛机拾取气缸伸出，气缸伸出到位后堆垛机向下降低合适高度后，拾取气缸收回，包装盒不允许与智能仓库发生碰撞或放偏现象。

（9）堆垛机构回到包装工作台位置。

（10）再放一个包装盒到机器人单元的包装工作台上，本单元将重复第（4）～（9）步骤，包装盒将依次按顺序被送往相应仓位的空位中。

（11）在任何启动运行状态下，按下"停止"按钮，该单元立即停止，所有机构不工作，"停止"指示灯亮，"启动"和"复位"指示灯灭。

1. 确定PLC的I/O分配表

智能仓储单元 I/O 地址功能分配表，见表 5-3-1。

表 5-3-1 智能仓储单元 I/O 地址功能分配表

序号	名称	功能描述	备注
1	X00	升降方向原点传感器感应到位，X00 断开	
2	X01	旋转方向原点传感器感应到位，X01 断开	
3	X02	仓位 A1 检测传感器感应到物料，X02 闭合	
4	X03	仓位 A2 检测传感器感应到物料，X03 闭合	
5	X04	仓位 A3 检测传感器感应到物料，X04 闭合	
6	X05	仓位 A4 检测传感器感应到物料，X05 闭合	
7	X06	仓位 A5 检测传感器感应到物料，X06 闭合	
8	X07	仓位 A6 检测传感器感应到物料，X07 闭合	
9	X10	按下启动按钮，X10 闭合	
10	X11	按下停止按钮，X11 闭合	
11	X12	按下复位按钮，X12 闭合	
12	X13	按下联机按钮，X13 闭合	
13	X14	拾取气缸前限位感应到位，X14 闭合	

续表

序 号	名 称	功能描述	备 注
14	X15	拾取气缸后限位感应到位，X15 闭合	
15	X17	行走轴原点传感器感应到位，X17 断开	
16	X20	旋转方向右极限位感应到位，X20 闭合	
17	X21	旋转方向左极限位感应到位，X21 闭合	
18	X22	升降方向上极限位感应到位，X22 闭合	
19	X23	升降方向下极限位感应到位，X23 闭合	
20	X25	仓位 A7 检测传感器 X25 闭合	
21	X26	仓位 A8 检测传感器 X26 闭合	
22	X27	仓位 A9 检测传感器 X27 闭合	
23	X30	仓位 B1 检测传感器 X30 闭合	
24	X31	仓位 B2 检测传感器 X31 闭合	
25	X32	仓位 B3 检测传感器 X32 闭合	
26	X33	仓位 B4 检测传感器 X33 闭合	
27	X34	仓位 B5 检测传感器 X34 闭合	
28	X35	仓位 B6 检测传感器 X35 闭合	
29	X36	仓位 B7 检测传感器 X36 闭合	
30	X37	仓位 B8 检测传感器 X37 闭合	
31	X40	仓位 B9 检测传感器 X40 闭合	
32	X42	行走轴右极限位感应到位 X42 闭合	
33	X43	行走轴左极限位感应到位 X43 闭合	
34	X44	编码器 A	
35	X45	编码器 B	
36	Y00	Y00 闭合，升降方向电动机旋转	
37	Y01	Y01 闭合，旋转方向电动机旋转	
38	Y02	Y02 闭合，移动方向电动机旋转	
39	Y03	Y03 闭合，升降方向电动机反转	
40	Y04	Y04 闭合，旋转方向电动机反转	
41	Y05	预留	
42	Y06	Y06 闭合，垛机拾取气缸电磁阀启动	
43	Y10	Y10 闭合，启动指示灯亮	
44	Y11	Y11 闭合，停止指示灯亮	
45	Y12	Y12 闭合，复位指示灯亮	
46	Y13	Y13 闭合，行走轴电动机反转	

2. 设计程序流程图

本单元程序按功能划分为多个模块,包括主程序流程图,如图 5-3-1 所示;堆垛机取料程序流程图,如图 5-3-2 所示;堆垛机放料程序流程图,如图 5-3-3 所示。将程序分成多个模块后,编程思路更为清晰,调试更为方便。在编程时可分别编出各个子程序,并且将各个子程序调试完成之后再进行组合,最终使整个单元的程序完整。智能仓储单元完整程序,请扫描二维码查看。

5-7- 智能仓储单元运行程序

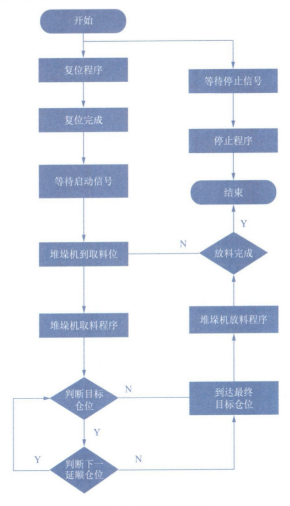

图 5-3-1 主程序流程图

图 5-3-2　堆垛机取料程序流程图

图 5-3-3　堆垛机放料程序流程图

3. 设计触摸屏监控画面

智能仓储单元组态画面，如图 5-3-4 所示。

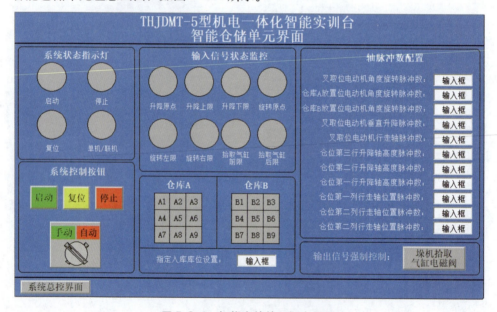

图 5-3-4　智能仓储单元组态画面

4. 触摸屏和PLC联机调试

请完成触摸屏和 PLC 联机调试。指示灯输入信息为 1 时为绿色，输入信息为 0 时保持灰色。按钮强制输出 1 时为红色，按钮强制输出 0 时为灰色，触摸屏上必须设置一个手动/自动按钮，只有在该按钮被按下，且单元处于"单机"状态时，手动强制输出控制按钮有效，智能仓储单元监控画面数据监控表，见表 5-3-2。

表 5-3-2　智能仓储单元监控画面数据监控表

序号	名　称	类　型	功能说明
1	启动	位指示灯	启动状态指示灯
2	停止	位指示灯	停止状态指示灯
3	复位	位指示灯	复位状态指示灯
4	单机/联机	位指示灯	单机/联机状态指示灯
5	A1 号仓位	位指示灯	A1 号仓位指示灯
6	A2 号仓位	位指示灯	A2 号仓位指示灯
7	A3 号仓位	位指示灯	A3 号仓位指示灯
8	A4 号仓位	位指示灯	A4 号仓位指示灯
9	A5 号仓位	位指示灯	A5 号仓位指示灯
10	A6 号仓位	位指示灯	A6 号仓位指示灯
11	A7 号仓位	位指示灯	A7 号仓位指示灯
12	A8 号仓位	位指示灯	A8 号仓位指示灯
13	A9 号仓位	位指示灯	A9 号仓位指示灯
14	B1 号仓位	位指示灯	B1 号仓位指示灯
15	B2 号仓位	位指示灯	B2 号仓位指示灯
16	B3 号仓位	位指示灯	B3 号仓位指示灯
17	B4 号仓位	位指示灯	B4 号仓位指示灯
18	B5 号仓位	位指示灯	B5 号仓位指示灯
19	B6 号仓位	位指示灯	B6 号仓位指示灯
20	B7 号仓位	位指示灯	B7 号仓位指示灯
21	B8 号仓位	位指示灯	B8 号仓位指示灯
22	B9 号仓位	位指示灯	B9 号仓位指示灯
23	升降原点	位指示灯	升降原点指示灯
24	升降上限位	位指示灯	升降上限位指示灯
25	升降下限位	位指示灯	升降下限位指示灯
26	旋转原点	位指示灯	旋转原点指示灯
27	旋转左限位	位指示灯	旋转左限位指示灯
28	旋转右限位	位指示灯	旋转右限位指示灯
29	拾取气缸前限位	位指示灯	拾取气缸前限位指示灯
30	拾取气缸后限位	位指示灯	拾取气缸后限位指示灯
31	垛机拾取气缸电磁阀	标准按钮	垛机拾取气缸电磁阀手动输出

	③ 复位完成后,"复位"指示灯常亮,"启动"和"停止"指示灯灭	4		
	④"运行"或"复位"状态下,按"启动"按钮无效	6		
	(3) 在"复位"就绪状态下,按下"启动"按钮,单元启动,"启动"指示灯亮,"停止"和"复位"指示灯灭	4		
	(4) 第一次按"启动"按钮,堆垛机启动运行,运行到包装工作台位置等待	6		
	(5) 第二次按"启动"按钮,堆垛机拾取气缸伸出到位	4		
	(6) 堆垛机向上提升合适的高度后,拾取气缸收回	6		
智能仓储单元的程序编写与调试——运行功能测试	(7) 堆垛机旋转到B1号仓储位,堆垛机旋转过程中,包装盒不允许与包装工作台或智能仓库发生任何摩擦或碰撞	6		
	(8) 如果当前仓位有包装盒存在,堆垛机旋转到B4号仓储位,按照B1、B4、B7、B2、B5、B8、B3、B6、B9顺序依次类推	6		
	(9) 如果当前仓位空,则堆垛机拾取气缸伸出,气缸伸出到位后堆垛机向下降低合适高度后,拾取气缸收回,包装盒不允许与智能仓库发生碰撞或放偏现象	6		
	(10) 堆垛机回到包装工作台位置	4		
	(11) 再放一个包装盒到机器人单元的包装工作台上,本单元将重复第 (5) ~ (9) 步骤,包装盒将依次按顺序被送往相应仓位的空位中	6		
	(12) 在任何启动运行状态下,按下"停止"按钮,该单元立即停止,所有机构不工作,"停止"指示灯亮,"启动"和"复位"指示灯灭	4		
智能仓储单元的程序编写与调试——触摸屏功能测试	触摸屏界面上有无"智能仓储单元界面"字样	4		
	触摸屏画面有无错别字,每错1个字扣0.5分,扣完为止	5		
	布局画面是否符合任务书要求,不符合扣1分	1		
	12个指示灯有且功能正确;1个指示灯缺失或功能不正确扣0.5分,扣完为止	8		
	10个按钮和1个开关全有且功能正确;1个按钮缺失或功能不正确扣0.5分,扣完为止	8		
合　计		100		

任务四　智能仓储单元的故障排除

任务描述

本任务是依据智能仓储单元的控制功能要求、机械机构图样、电气接线图样规定的I/O分配表安装要求等,对单元进行运行调试,排除电气线路及元器件等故障,确保单元内电路、气路及机械机构能正常运行,并将故障现象描述、故障部件分析、故障排除步骤填写到"排除故障操作记录卡"中。

132　机电一体化项目

常用故障排查方法，同项目一任务四。

1. 故障一

认真观察故障现象，分析故障原因，撰写故障分析流程，填写排除故障操作记录卡，见表5-4-1。

表5-4-1　排除故障操作记录卡（1）

故障现象	复位过程中堆垛机旋转轴到达极限限位A后停止，并未返回原点
故障分析	
故障排除	

2. 故障二

认真观察故障现象，分析故障原因，撰写故障分析流程，填写排除故障操作记录卡，见表5-4-2。

表5-4-2　排除故障操作记录卡（2）

故障现象	堆垛机行走轴触碰极限限位后未停止运行
故障分析	
故障排除	

任务评价

评分表见表5-4-3，对任务的实施情况进行评价，将评分结果记入评分表中。

表5-4-3　评分表

评分表 ＿＿＿学年		工作形式 □个人□小组分工□小组			工作时间 ＿＿＿min	
任务		训练内容	配分	学生自评	教师评分
智能仓储单元的故障检修	每个故障现象描述记录准确	每个故障点与故障现象记录准确，每缺少5个或错误一个扣5分，扣完为止	25		
	故障原因分析正确	错误或未查找出故障原因等，错误每次扣5分，扣完为止	25		
	故障排除合理	解决思路描述不合理、故障点描述本身错误或未查找出故障等每次扣5分，扣完为止	50		
	合　　计		100		

机电一体化项目

自动线系统程序优化与调试

知识目标

(1) 了解整机的运行过程。
(2) 熟悉主站与各单元的联机通信配置和调试。
(3) 熟悉系统整机组态设计和联机调试。
(4) 了解现场管理知识，安全规范及绿色节能生产。

能力目标

(1) 会使用电工仪器工具，进行整机线路通断、线路阻抗的检测和测量。
(2) 能够分析自动化优化控制要求，提出自动线 PLC 编程解决方案，会开展自动线系统优化设计、调试工作。

素质目标

(1) 通过对机电一体化设备设计和故障排查，培养解决困难的耐心和决心，遵守工程项目实施的客观规律，培养严谨科学的学习态度。
(2) 通过小组实施分工，具备良好的团队协作和组织协调能力，培养工作实践中的团队精神，通过按照自动化国家标准和行业规范，开展任务实施，培养学生质量意识、绿色环保意识、安全用电意识。
(3) 通过实训室 6S 管理，培养学生具备清理、清洁、整理、整顿、素养、安全的职业素养。

拓展阅读9-绿色生产与节能

项目情境

系统所有单元的单机功能已经调试完毕，主站与各单元的联机通信尚未实现。需要编写联机通信程序，完善颗粒上料单元、检测分拣单元、机器人搬运单元、智能仓储单元的功能控制程序，实现生产过程数据的组态监控，对生产过程优化，达到低碳、节能及环保的目的。

任务一 系统的网络通信

系统所有单元的单机功能已经实现，现要求以智能仓储单元为主站组建PLC之间的RS-485网络通信，并和触摸屏建立以太网通信，完成各工作单元的PLC通信程序编写。

任务准备

1. 数据通信介绍

6-1-数据通信基础

通信是指通过传输介质在两个设备之间以电信号的形式交换任何类型的信息，根据传输数据类型的不同，通信分为数字通信和模拟通信。通信包括了单工、半双工和全双工三种传输模式，串行通信、并行通信两种基本通信方式。请扫描二维码，了解更多数据通信基础。

2. 汇川PLC通信介绍

汇川系列PLC主模块自带以太网通信和CAN通信，支持CANlink、CANopen协议、N:N协议，包含两个独立物理串行通信口，分别为COM0和COM1。COM0具有编程、监控功能；COM1功能完全由用户自由定义。

PLC的N∶N网络适用于小规模的系统的数据传输，能够实现最多8台PLC之间的互连。该网络采用广播方式进行通信，网络中每一个站都有特定的辅助继电器和数据寄存器，其中有系统指定的共享数据区域，即网络中的每一台PLC都要提供各自的辅助继电器和数据寄存器组成网络交换数据的共享区间。

H3U主模块自带以太网通信接口，支持MODBUS TCP协议和10M/100M的自适应速率。H3U通用机型支持16个连接（IP地址相同且端口号相同，为一个连接），无论作为主站或从站，最大可与16个站点进行数据交换，同一个站点可同时作为主站与从站。以太网收发帧是在每个用户程序扫描周期进行处理，所以，读写速度受用户程序扫描周期的影响。

任务实施

1．N：N通信方案

(1) 硬件连接

N：N网络通信协议的通信格式是固定的，采用半双工的通信方式，波特率为固定值，数据长度、奇偶校验、停止位、标题字符、终结字符和校验等都为固定的。RS-485通信硬件连接网络数据传输如图6-1-1所示，其中智能仓储单元为主站，其余站为从站。

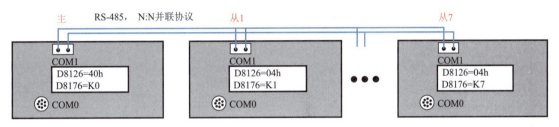

图 6-1-1　RS-485 通信网络

(2) 通信程序

① 编写各工作单元的PLC通信程序，通过特殊寄存器的赋值来设置COM1的通信方式，特殊寄存器的设定见表6-1-1。其中，特殊寄存器D8126指定智能仓储单元PLC为N:N主站（站号0），其余工作单元的PLC为N:N从站（站号1～4）。特殊寄存器D8178在主站中定义N:N通信的数据刷新范围采用模式2，该模式能够实现64个M元件和8个D元件的数据交换。需要注意的是，在N：N通信网络中，站点数越多、数据刷新范围越大，通信所需时间就越长，每增加一站，扫描时间增长约10%。

表 6-1-1　特殊寄存器的设定

数据寄存器	功能描述	设 定 值	含　　义
D8126	通信协议设定	智能仓储单元设定为40H，其余单元设定为04H	智能仓储单元是N：N通信主站，其余单元是通信从站
D8176	本站站号设定	五个工作单元依次设定为1、2、3、4、0	定义各单元的站号，其中主站的站号必须设定为0
D8177	从站总数设定	在主站中设定为4	系统包含4个从站
D8178	刷新范围设定	在主站中设定为模式2	交换数据包含64个M元件、8个D元件
D8179	重试次数设定	在主站中设定为2	重试次数2次
D8180	通信超时设置	在主站中设定为5	超时时间50 ms

② 依据表6-1-1确定的参数，编写各主从站的通信程序，其中，主站的智能仓储单元通信程序如图6-1-2所示，从站的颗粒上料单元通信程序如图6-1-4所示。其余从站的通信程序参照图6-1-3修改站号即可。

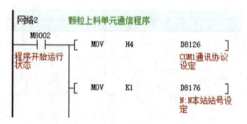

图 6-1-2 智能仓储单元通信程序　　　　　　图 6-1-3 颗粒上料单元通信程序

③ 通过 PLC 通信程序即可实现多台 PLC 间互相交换数据，用户程序既可以在本 PLC 内部特定的数据区读取其他 PLC 发送的状态数据，也可以将需要广播的数据复制到特定数据单元以供其他 PLC 读取。在 D8178 设定的模式 2 下，各站点 PLC 的变量区域定义见表 6-1-2。

表 6-1-2　各站点 PLC 的变量区域定义

工作单元	站点号	位软元件（M）	字软元件（D）
智能仓储单元	第 0 号	M1000～M1063	D0～D7
颗粒上料单元	第 1 号	M1064～M1127	D10～D17
加盖拧盖单元	第 2 号	M1128～M1191	D20～D27
检测分拣单元	第 3 号	M1192～M1255	D30～D37
机器人搬运单元	第 4 号	M1256～M1319	D40～D47

④ 在 AutoShop 中完成 PLC 程序编译后"下载"至 PLC，通过工具栏中的"监控"按钮即可监控各主从站，主站智能仓储单元和从站颗粒上料单元的监控如图 6-1-4、图 6-1-5 所示。

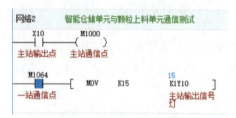

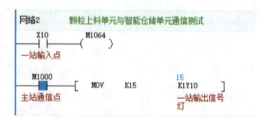

图 6-1-4 监控智能仓储单元主站　　　　　　图 6-1-5 监控颗粒上料单元从站

⑤ 按下主站 X10 按钮，从站对应的 Y10～Y13 灯亮，按下从站 X10 按钮，主站对应的 Y10～Y13 灯亮，证明联网成功。

2. 以太网方案

软件配置如下：

① 在 AutoShop 软件"工程管理"窗口双击"以太网配置"打开"以太网配置"对话框，如图 6-1-6 所示，配置以太网通信参数。

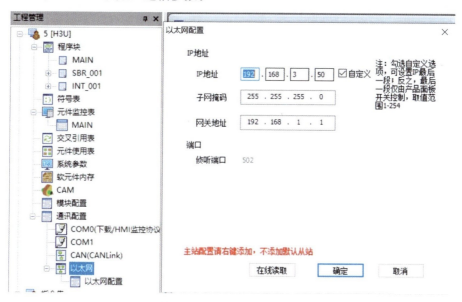

图 6-1-6　以太网通信参数配置

② IP 地址是设备在网络中的身份标识，由 AutoShop 软件设置前三段，最后一段地址可以选择软件自定义或者 PLC 拨码开关设置，取值范围 1～254。例如，将 PLC 的旋码开关设置为 255（或拨码开关全部设置为 ON），强制 IP 地址的最后一段为 1。智能仓储单元的 IP 地址设置为 192.168.3.50，其余四个单元的 IP 地址设置如图 6-1-6 所示。

③ 子网掩码是在同一个网络地址下为多个物理网络编址。掩码用于划分子网地址和主机 ID 的设备地址。获取子网地址的方法是：保留 IP 地址中与包含 1 的掩码的位置相对应的位，然后用 0 替换其他位。如无特殊要求，子网掩码均为 255.255.255.0。

④ 网关地址可将消息路由到不在当前网络中的设备。如果没有网关，则网关地址为 0.0.0.0。

⑤ 端口 TCP 502 的侦听是为 modbusTCP 通信保留的，用户不可以设置。

⑥ 需要补充说明的是，如果以智能仓储单元作为主站构造以太网主从网络时，除了上述设置外，还需单击"以太网配置"来配置主站访问设备的一些详细信息，如设备名称、从站 IP 地址、通信方式、功能、从站寄存器地址、数据长度、主站缓冲区起始地址、端口号、站号等，如图 6-1-7 所示。

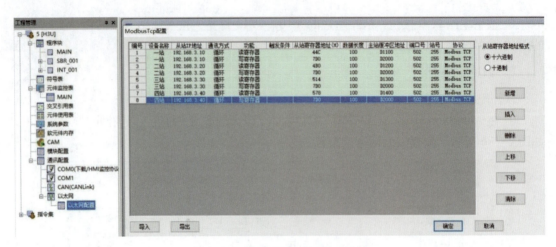

图 6-1-7 以太网主站配置对话框

任务评价

依据表 6-1-3 所列评分项和训练内容，对实操结果开展学生自评和教师评分。

表 6-1-3 评分表

评分表 _____学年		工作形式 □个人 □小组分工 □小组		工作时间 _____min	
任务		训练内容	配分	学生自评	教师评分
系统的网络通信	N:N 通信	RS-485 通信线连接，一处连接不通扣 5 分，扣完为止	15		
		通信参数设置 — 站号设置，一处不正确扣 5 分，扣完为止	15		
		通信参数设置 — 刷新模式设置不正确扣 5 分，扣完为止	15		
		通信参数设置 — 重试次数和通信超时设置不合理，一处扣 5 分，扣完为止	15		
	以太网通信	以太网线连接，一处连接不通扣 5 分，扣完为止	10		
		通信参数设置 — 各站点 IP 地址设置，一处错误扣 5 分，扣完为止	10		
		通信参数设置 — 子网掩码设置，一处错误扣 5 分，扣完为止	10		
		通信参数设置 — 网关地址设置，一处错误扣 5 分，扣完为止	10		
合　计			100		

任务二　系统的组态控制

任务描述

设计触摸屏总控画面，如图 6-2-1 所示，能够实现"单机/联机"模式选择"联机启动""联机停止""联机复位",并具有"单机/联机""系统启动""系统停止""系统复位"的状态指示功能,以上四个指示灯的输入信号为1时,分别指示蓝色、绿色、红色、黄色,输入信号为0时指示灰色。

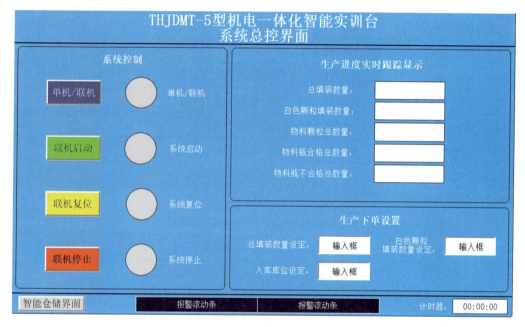

图 6-2-1 触摸屏总控画面

任务准备

1. MCGS介绍

MCGS是一种用于快速构造和生成监控系统的组态软件。通过对现场数据的采集处理,以动画显示、报警处理、数据采集、流程控制、工程报表、数据与曲线等多种方式向用户提供解决实际工程问题的方案。

在实施系统组态控制前,需要分析总控画面的系统构成、技术要求和工艺流程,弄清系统的控制流程和测控对象的特征,明确监控要求和动画显示方式,分析工程中的设备采集及输出通道与软件中实时数据库变量的对应关系,分清哪些变量是要求与设备连接的,哪些变量是软件内部用来传递数据及动画显示的。

任务实施

1. 规划监控数据

在智能仓储单元配置的触摸屏上,完成总控画面是组态控制设计,总控画面需要监控的数据,见表6-2-1。

表 6-2-1 触摸屏总控画面监控数据规划

序 号	名 称	类 型	功 能 说 明	数 据 地 址
1	单机/联机	标准按钮	系统单机、联机模式切换	M1003
2	联机启动	标准按钮	系统联机启动	M1000
3	联机停止	标准按钮	系统联机停止	M1001
4	联机复位	标准按钮	系统联机复位	M1002
5	单机/联机	位指示灯	联机状态蓝色亮	M1010
6	系统启动	位指示灯	启动状态绿色亮	M1011
7	系统停止	位指示灯	停止状态红色亮	M1012
8	系统复位	位指示灯	复位状态黄色亮	M1013
9	总填装数量设定	模拟量输入框	决定单个瓶子填装颗粒总数量	D2004
10	白色颗粒填装数量设定	模拟量输入框	决定单个瓶子白色颗粒填装数量	D2005
11	入库库位设定	模拟量显示框	决定盒子入仓位置	D2006
12	总填装数量	模拟量显示框	显示当前瓶子填装颗粒总数量	D1103
13	白色颗粒填装数量	模拟量显示框	显示当前瓶子白色颗粒填装数量	D1104
14	运行用时	模拟量显示框	一个流程运行时间	D2007
15	物料颗粒总数	模拟量显示框	显示当前已经完成的物料颗粒总数	D1102
16	物料瓶合格总数量	模拟量显示框	显示检测分拣单元已经检测合格的瓶子总数	D1303
17	物料瓶不合格总数量	模拟量显示框	显示检测分拣单元已经检测不合格的瓶子总数	D1104
18	智能仓储单元	画面切换按钮	跳转到智能仓储单元画面	—

2．搭建工程框架

在 MCGS 中建立新工程，主要内容包括：定义工程名称、封面窗口名称，指定存盘数据库文件的名称以及存盘数据库，设定动画刷新的周期。

3．制作画面

动画制作分为静态图形设计和动态属性设置两个过程。前一部分类似于"画画"，用户通过 MCGS 组态软件中提供的基本图形元素及动画构件库，在用户窗口内"组合"成各种复杂的画面。后一部分则设置图形的动画属性，与实时数据库中定义的变量建立相关性的连接关系，作为动画图形的驱动源。

4．完善控件功能

对监控器件、操作按钮的功能组态；实现历史数据、实时数据、报警信息输出等功能。

5．编写程序调试工程

利用调试程序产生的模拟数据，检查动画显示和控制流程是否正确。

6. 连接设备驱动程序

选定与设备相匹配的设备构件，连接设备通道，确定数据变量的数据处理方式，完成设备属性的设置。此项操作在设备窗口内进行。

7. 工程完工综合测试

测试工程各部分的工作情况，完成整个工程的组态工作，实施工程交接。

任务评价

依据表 6-2-2 对总控画面控件的有无、界面规划等进行评分，总控画面的控件功能与项目六中任务三及任务四一起依据系统运行情况进行评分。

表 6-2-2 系统组态控制任务评分表

评分表 _____学年			工作形式 □个人 □小组分工 □小组		工作时间 _____min	
任务			训练内容	配分	学生自评	教师评分
系统的组态控制	组态画面	控件完整性	出现控件缺失或文字错误，每处扣1分，扣完为止	25		
		画面美观性	控件分布合理、对齐，符合人机工程学规范，不合理者每处扣1分，扣完为止	25		
			控件颜色不符合要求，每处扣1分，扣完为止	25		
			字体、字号不统一，每处扣1分，扣完为止	25		
合　计				100		

任务三　控制程序的优化

以智能仓储单元为主站组建 PLC 通信网络，编写 PLC 连接通信程序。完善颗粒上料单元 PLC 程序，在触摸屏上手动输入"填装颗粒数量"时，颗粒上料单元能够按要求完成填装作业，同时触摸屏实时显示填装数量。

PLC 程序能够实现"单机/联机"模式选择"联机启动""联机停止""联机复位"，并具有"系统联机""系统启动""系统停止""系统复位"的状态输出。

PLC 程序能够手动设定和实时统计"单瓶填装总数""单瓶白料数量"，能够实时统计"总填装数量""合格物料瓶数量""不合格物料瓶数量""运行用时"。

任务准备

1. 控制流程分析

分析自动线的工艺流程，绘制 PLC 控制流程，如图 6-3-1 所示，规划各单元控制程序的调用。

2. 以太网通信的数据规划

汇川系列 PLC 的主站与从站之间采用 modbusTCP 协议进行通信，主站发送、从站接收数据规划表见表 6-3-2。表中列出了各单元之间联网通信所使用的数据地址，在各主从站中规划了 1 段 M 地址用于保存 PLC 的继电器状态，以及 4 段 M 地址用于接收其他站的数据。为满足主从站通信的需要，各主从站分别规划了 1 个数据缓存寄存器用于保存需要输出的数据，主站还另外规划了 12 个数据缓存寄存器，用于保存从站通信传送的数据。

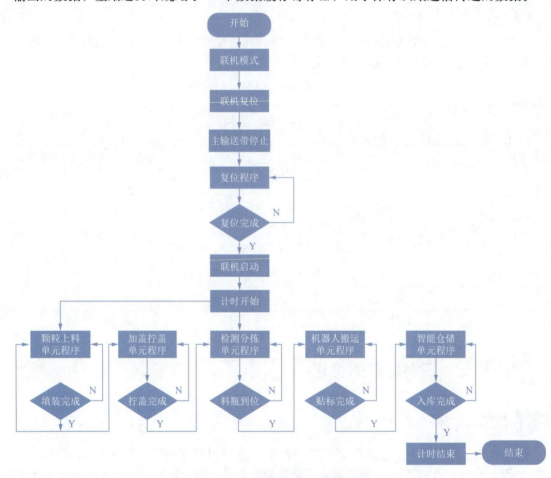

图 6-3-1 自动线联网运行控制流程图

表 6-3-1 主站发送、从站接收数据规划表

数据首地址	主站	从站#1	从站#2	从站#3	从站#4
M1000	D2000(M1000)	D2000	D2000	D2000	D2000
M1064	D1100	D1100(M1064)	D2040(D1100)	D2060(D1100)	D2080(D1100)
M1128	D1200	D2020(D1200)	D1200(M1128)	D2061(D1200)	D2081(D1200)
M1192	D1300	D2021(D1300)	D2041(D1300)	D1300(M1192)	D2082(D1300)
M1256	D1400	D2022(D1400)	D2042(D1400)	D2062(D1400)	D1400(M1256)

1. 联网数据传送程序

在主从站中编写通信编程实现数据交互，按表 6-3-1 的规划将相关数据传送到各站的 M 地址中去，主站智能仓储单元联网数据传送程序见图 6-3-2，从站颗粒上料单元的数据读写程序如图 6-3-3 所示，其余从站的联网通信程序与之类似，不再赘述。

图 6-3-2　主站智能仓储单元联网数据传送程序

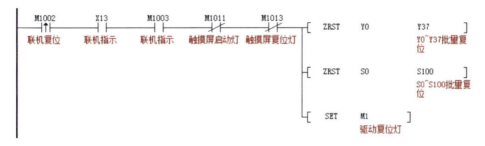

图 6-3-6 联机复位程序

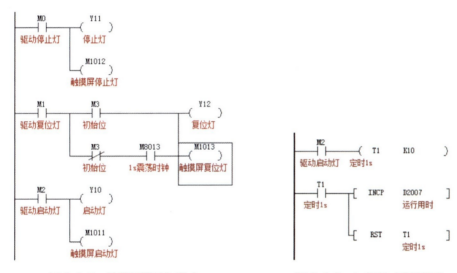

图 6-3-7 触摸屏指示灯程序　　　图 6-3-8 运行用时统计程序

任务评价

依据表 6-3-2 所列评分项和训练内容开展学生自评和教师评分。

表 6-3-2 评分表

评分表 ____学年		工作形式 □个人 □小组分工 □小组		工作时间 ____min	
任务		训练内容	配分	学生自评	教师评分
控制程序的优化	PLC通信网络设置	主站智能仓储单元联网数据传送功能	10		
		从站颗粒上料单元的数据读写功能	10		
		从站加盖拧盖单元的数据读写功能	10		
		从站工业机器人搬运单元的数据读写功能	10		
		从站检测分拣单元的数据读写功能	10		
		从站智能仓储单元的数据读写功能	10		
	系统启停复位控制	系统联机启动功能	5		

控制程序的优化	系统启停复位控制	系统联机停止功能	5		
		系统联机复位功能	5		
		触摸屏系统控制指示灯功能	5		
		系统运行用时统计功能	5		
	生产计划设置与显示	手动设定生产计划功能	5		
		实时统计生产功能	10		
合　　计			100		

任务四　系统的运行调试

任务描述

在完成联机程序的编写和触摸屏组态控制后，运行并调试自动线，排除可能出现的通信故障、单元之间的机械连接等故障，确保自动线功能完备、运行正常。

任务准备

确认以下动作流程是否正常：

（1）按下各单元的联机按钮，并在触摸屏系统总控画面中选择"联机"模式，系统进入联机运行状态。

（2）按下触摸屏上"联机停止"按钮，系统立即停止，触摸屏上"系统停止"指示灯亮，"系统启动"和"系统复位"指示灯灭。

（3）"系统停止"状态下，按"联机复位"按钮，系统开始复位，复位过程中"系统复位"指示灯闪亮，复位完成后，各单元进入就绪状态，触摸屏上"系统复位"指示灯常亮，"系统启动"和"系统停止"指示灯灭。其他状态下按"联机复位"按钮无效。

（4）"系统复位"就绪状态下，按触摸屏上"联机启动"按钮，系统启动，触摸屏上"系统启动"指示灯亮，"系统复位"和"系统停止"指示灯灭。其他状态下按"联机启动"按钮无效。

（5）颗粒上料单元启动运行，主输送带启动。

（6）运行指示灯亮。

（7）在触摸屏上输入填装总颗粒数量 3 或 4，白色颗粒数量输入 1～4。

（8）颗粒上料单元填装完成设定数量后，填装定位机构松开。填装过程中在系统总控画面实时显示当前填装瓶中的总颗粒数和白色颗粒数，以及生产线累积填装颗粒总数。

（9）瓶子输送到加盖拧盖单元，加盖拧盖单元输送带启动，分别将瓶子送入加盖工位和拧盖工位进行加盖与拧盖；拧盖状态颗粒上料单元主输送带不启动，待拧盖完成后方可重新启动；加盖拧盖单元持续 5 s 没有新的物料瓶，则该单元输送带停止运行。

（10）加盖拧盖完成后，瓶子输送到检测分拣单元。

（11）检测分拣单元主输送带启动，分别对物料瓶瓶盖的旋紧程度、瓶盖颜色以及物料颗粒的数量进行检测，从而分拣出合格品与不合格品，并在系统总控画面实时显示生产线累积合格品数量和不合格品数量。

① 若物料瓶瓶盖拧紧，物料颗粒为 3 颗，则认定为合格品，若当前瓶盖是白色则检测机构指示灯绿色常亮，若为蓝色则绿色闪烁（$f=2$ Hz）；物料瓶即被输送到主输送带的末端，出料检测传感器动作，主输送带停止，等待机器人抓取。

② 若物料瓶瓶盖未旋紧，无论物料颗粒为多少，都认定为不合格品。检测机构指示灯红色常亮；分拣气缸将其推到辅输送带上；在辅输送带上瓶盖不合格分拣气缸又将其推到瓶盖不合格分拣槽中。

③ 若物料瓶瓶盖拧紧，物料颗粒不是三颗，则认定为不合格品，检测机构指示灯黄色常亮；总控触摸屏上出现"物料颗粒填充错误，请及时修改！"文字滚动报警信息；分拣气缸将其推到辅输送带上；在辅输送带上物料不合格分拣气缸又将其推到物料不合格分拣槽中。

（12）若检测分拣单元的合格品输送带末端等待机器人抓取时间超过 3 s，颗粒上料单元将主、辅输送带和加盖拧盖单元输送带不启动，随后工作单元进入暂停状态，等待合格品被抓取后继续运行。

（13）机器人单元按照设定的控制程序和机器人示教路径完成装瓶和贴标签作业。

（14）机器人单元将完成的包装盒转运至触摸屏指定的仓储单元仓位。若指定仓位已有包装盒，则堆垛机按照 B1、B4、B7、B2、B5、B8、B3、B6、B9 顺序自动将包装盒送至下一个空闲仓位，并在堆垛机启动运行时，总控触摸屏上出现"当前指定仓位已满，系统已自动调整！"文字滚动报警信息，直至堆垛机回到初始位置时消失。

（15）需在总控画面上设置一个计时显示框，在第（4）步按联机启动按钮的同时，计时显示框开始计时，直到走完一个流程（四个物料瓶进行颗粒填装 + 加盖拧盖 + 检测分拣 + 放入包装盒 + 入库），计时停止。

（16）机器人搬运单元和智能仓储单元根据原设定程序完成相应流程。

任务实施

1. 生产准备

（1）依次检测清理五个工作站的在线物料，确保生产线无生产余料。

（2）检查颗粒上料单元上料带的料瓶准备情况、颗粒料筒 A、B 的物料准备情况、加盖拧盖单元加盖料筒的瓶盖准备情况、标签台面的准备情况、底盒和盒盖的准备情况，确保生产运行的原料条件。

（3）检查智能存储单元的仓位状态，确保仓库有足够的空位。

2. 站前准备

（1）依次给各站上电，系统自动运行复位程序，使其各运动机构回到初始位置。

（2）依次手动将各站调至联机、自动状态。

3. 触摸屏操作

（1）打开触摸屏，进入主界面后点击跳转按钮进入系统控制界面，查看并确认五个工作站的状态,当所有站的"联机""复位"均为有效状态,该界面的启动按钮有效,否则需返回"站前准备"工作重新检测设置。

(2)点击系统控制界面"系统启动"按钮,系统进入全线运行模式。

(3)在全线运行过程中,可通过系统控制界面的"系统停止"按钮结束每个工作站的当前工作流程并返回各自的初始状态。

4. 生产过程

(1)启动时,发现触摸屏与PLC通信异常,应先检查以太网通信线或N:N网络通信线,再检查PLC通信程序。

(2)物料瓶在工作单元之间出现物料堆积时,应先调整工作单元台面的位置高度,再调节输送带的速度。

依据表6-4-1所列评分项和训练内容开展学生自评和教师评分。

表6-4-1 评分表

任务		训练内容	配分	学生自评	教师评分
	评分表 _____学年	工作形式 □个人□小组分工□小组		工作时间 _____min	
系统的运行调试	生产准备	检查并确保颗粒料、料瓶、瓶盖、盒盖、底盒、标签等满足生产要求,未排除缺料,扣1分	1		
		全线在线物料清除,未清空扣1分	1		
		未排除气路原因而致使触摸屏操作失败,扣1分	1		
		未排除电路原因而致使触摸屏操作失败,扣1分	1		
		未排除设备原因而致使触摸屏操作失败,扣1分	1		
		确保各单元处于"联机""自动"运行模式,每处不合格扣1分	1		
	运行过程	在触摸屏总控画面中点按"单机/联机",系统进入联机运行状态,"联机"指示灯变蓝色扣2分	2		
		在系统停止状态下,点按触摸屏总控画面"联机复位",各单元回到初始状态后,"复位"指示灯变黄色,扣6分	6		
		在总控画面设定料瓶颗粒填装总数,扣1分	1		
		在总控画面设定料瓶白料填装数量,扣1分	1		
		在总控画面设定入库仓位,扣1分	1		
		在系统复位完成后,在触摸屏总控画面中点按"联机启动",系统进入运行状态,"启动"指示灯变绿色,"复位"指示灯变灰色	3		
		计时显示框开始计时	1		
		颗粒上料单元启动运行,主输送带启动	3		

系统的运行调试	运行过程	颗粒上料单元填装完成设定数量后，填装定位机构松开	2		
		填装过程中实时显示当前料瓶颗粒填装总数	2		
		填装过程中实时显示当前料瓶白料填装总数	2		
		填装过程中实时生产线累积填装颗粒总数	2		
		瓶子转运至加盖拧盖单元，加盖拧盖单元输送带启动运行	3		
		加盖与拧盖过程中单元输送带停止运行，完成后方可重新启动	2		
		加盖拧盖单元持续 5 s 没有新的物料瓶，单元输送带停止运行	3		
		瓶子输送到检测分拣单元，检测分拣单元主输送带启动	3		
		单元分拣出合格品与不合格品，并在系统总控画面实时显示生产线累积合格品数量和不合格品数量	4		
		若白色瓶盖拧紧，物料颗粒为三颗，认定为合格品。检测机构指示灯绿色常亮，物料瓶输送至主输送带末端后主输送带停止运行	5		
		若蓝色瓶盖拧紧，物料颗粒为三颗，认定为合格品。蓝色则绿色闪烁（$f=2$ Hz），物料瓶输送至主输送带末端后主输送带停止运行	5		
		若瓶盖未旋紧，认定为不合格品。检测机构指示灯红色常亮，物料瓶输送至不合格分拣槽中	5		
		若瓶盖拧紧，物料颗粒不是三颗，认定为不合格品。检测机构指示灯黄色常亮，物料瓶输送至不合格分拣槽中．	5		
		总控画面上出现"物料颗粒填充错误，请及时修改！"文字滚动报警信息	3		
		合格品在分拣单元主输送带末端停留时间超过 3 s，颗粒上料单元和加盖拧盖单元输送带停止运行并进入暂停状态，等待合格品被抓取后继续运行	3		
		机器人单元按照设定的控制程序和机器人示教路径完成装瓶和贴标作业，要求标签颜色与料瓶的瓶盖颜色对应	3		
		机器人单元将完成的包装盒转运至触摸屏指定的仓储单元仓位	3		
		若指定仓位已有包装盒，堆垛机按照 B1、B4、B7、B2、B5、B8、B3、B6、B9 顺序自动将包装盒送至下一个空闲仓位。总控画面出现"当前指定仓位已满，系统已自动调整！"文字滚动报警信息，直至堆垛机回到初始位置时消失	5		
		计时停止，包装盒送入仓位后，计时显示框停止计时	1		
		在触摸屏总控画面中点按"联机停止"，系统进入停止状态，"停止"指示灯变红色，"启动"指示灯变灰色	5		
	安全文明生产	劳动保护、操作规程、文明礼貌、现场卫生	10		
合　　计			100		

机电一体化项目

机电系统虚拟调试

知识目标

(1) 了解虚拟仿真在工业生产中的作用。
(2) 了解数字孪生仿真的基本功能。
(3) 掌握机电一体化仿真软件 THS-JRT-1 界面操作。
(4) 掌握 GX Works3 与 GX Simulator3 基本使用配置。
(5) 理解 PLC 软元件与虚拟仿真参数映射模块对应关系。

能力目标

(1) 会使用虚拟仿真软件对工作单元进行场景搭建和编程测试。
(2) 能够通过虚拟仿真,开展自动线系统优化设计、调试工作。

素质目标

(1) 通过数字孪生技术,对机电一体化设备设计进行编程验证,培养运用先进技术进行推广的创新意识。

(2) 通过小组实施分工,具备良好的团队协作和组织协调能力,培养工作实践中的团队精神,通过按照自动化国家标准和行业规范,开展任务实施,培养学生质量意识、绿色环保意识、安全用电意识。

(3) 通过实训室 6S 管理,培养学生具备清理、清洁、整理、整顿、素养、安全的职业素养。

项目情境

利用机电综合数字孪生仿真系统和 PLC 仿真系统搭建机电系统虚拟调试工程(见

图 7-0-1），从而实现利用数字仿真系统对 PLC 进行编程和验证。通过提供和真实现场一致的输入输出信号，创建可验证 PLC 程序的环境，保证程序可以在 PLC 仿真软件中正确执行得到理想的效果，并且在 PLC 中执行，得到 PLC 控制的正确结果。按任务要求在规定时间内完成本机电系统的虚拟调试系统搭建，以便生产线后期能够实现生产过程自动化。

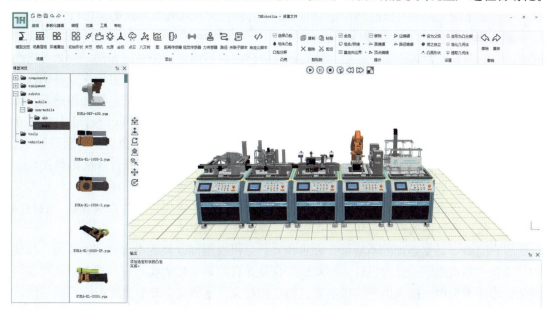

图 7-0-1　机电一体化智能实训平台虚拟场景

任务一　虚拟调试系统介绍

任务描述

利用机电综合数字孪生仿真系统，了解虚拟调试技术的基本原理和应用场景。了解虚拟调试系统的基本功能、虚拟调试系统的各个子功能模块的具体的功能介绍。

任务准备

1. 虚拟调试系统介绍

数字孪生（Digital Twin）系统是指在数字模型和物理模型进行相互映射，并且利用数字模型进行工程应用的系统，其中虚拟调试（Virtual Commissioning）是数字孪生在工业自动化集成领域的一个经典应用。随着工业自动化产品复杂度的不断提升和市场对工业自动化产品研发周期以及成本有更高的要求，传统的"设计—集成验证—修改设计—再验证"反复迭代的串行集成模式已经很难满足工业自动化产品研发的需求。虚拟调试技术由于其可以降低工业自动化研发成本、提高工业自动化设备精度，逐渐成为工业自动化产品集成的重要手段。

虚拟调试技术是利用数字仿真软件对真实环境进行建模。虚拟场景中的设备是响应式的模型，在数字仿真软件仿真运行时接受外部软硬件设备的输入信号，并输出相应的虚拟传感器信号。利用虚拟调试技术可以把真实环境下的调试过程转移到数字世界中。这意味着，可以把机器人、输送带等机电设备甚至整条生产线按照1∶1的比例在虚拟世界中建模，使机电系统工程师可以控制程序中的变量，并通过可视化查看系统的运行行为。

虚拟调试项目的实施步骤通常是这样的：首先由机电系统设计工程师根据需求规划好生产线的布局和设备资源。在数字仿真软件中将布局搭建后，需验证布局，例如可达性和碰撞。其次是工艺仿真程序，分析加工的路径与工艺参数，对机器人或机床设备编程验证。最后进入硬件调试阶段，接入机电信号，与电器行为同时调试验证，例如传感器、阀门、PLC程序和HMI软件等。虚拟调试系统可分软件在环（Software in Loop）与硬件在环（Hardware in Loop）两类环境。软件在环把所有设备资源虚拟化，由虚拟控制器VRC、虚拟HMI、虚拟PLC模拟器及算法软件等连接虚拟环境交互仿真。硬件在环则是把全部设备硬件连接到数字仿真环境中，使用真实的物理控制器、真实HMI、真实的I/O信号与虚拟环境交互仿真。在软件环境中验证通过后，可替换任一虚拟资源为真实设备，进行部分验证，最终全替换为硬件在环，完成物理与虚拟映射的调试。

（1）随着产品复杂度的不断提升和市场对产品研发周期以及成本有更高的要求，传统的"设计—集成验证—修改设计—再验证"反复迭代的串行集成模式已经很难满足产品研发的需求。虚拟调试技术由于其成本低、精度相对高，逐渐成为产品集成中的重要手段。

（2）虚拟调试系统就是通过虚拟仿真软件建立物理设备的数字模型，包括设备中的传感器，包括机器人和自动化设备、PLC、电动机、气缸等单元。基于虚拟仿真软件中的3D数字模型，可以实现PLC控制器，机器人运动控制以及PLC仿真工具，机器人虚拟控制器数据的接入，并实现对3D数字模型逻辑的精准编程和控制。可以模拟运行整个或部分生产流程，并在生产线投产前对重要功能和性能进行测试。它能够检测和消除设计缺陷，例如PLC代码中的错误，并提前解决一系列技术上的问题。

2．虚拟调试系统性能介绍

系统集成商和机电系统工程师们最能在日常工作中体会到虚拟调试的优势。其优势可以归纳总结为以下几点：

（1）提前发现并验证机电系统编程错误和逻辑问题等棘手情况，无须等设备在物理环境中安装完成。最大程度地避免真实物理环境下的碰撞等，从而降低昂贵的修改成本。

（2）虚拟调试使得机电系统整体调试环节所需的时间显著缩短，交货时间总体缩短20%左右。

（3）可以在项目初期就利用虚拟调试系统开始对操作员的培训，让设备操作员尽早了解设备，节约设备安装调试之后的培训时间。

3．虚拟调试系统组成

虚拟调试系统由三部分组成，如图7-1-1所示，分别是控制系统（PLC和机器人控制器）、数字仿真系统和控制系统与仿真系统之间的通信模块。控制系统（PLC和机器人控制器）是由软件组成的，如PLC仿真工具，虚拟机器人控制器，该虚拟调试系统是软件在环。

如果系统中的控制工具是硬件设备,则是硬件在环。

数字仿真系统是针对机电系统的数字建模系统,支持包括设备中的传感器,包括机器人、输送带、AGV等自动化设备建模仿真。数字仿真系统可以是基于物理运动,也可以是其他仿真系统,由具体的应用场景决定。数字仿真系统中包含大量的模型库,降低工程师建模的难度,节省工程师建模的时间。尤其是针对具体行业的模型库,如仓储物流以及包装、机器人加工行业的模型库,可以大大提升用户所在行业的竞争力。

数据通信模块是连接仿真系统与控制设备的通信工具,可以在数字仿真软件中实现,也可以作为一个第三方工具使用。数据通信模块通常会集成多种设备的通信协议,如三菱、西门子、ABB机器人、KUKA机器人等设备的通信协议,用户只需要做简单的配置就能完成通信模块的设置。

基于虚拟仿真软件中的3D数字模型,可以实现PLC控制器,机器人运动控制以及PLC仿真工具,机器人虚拟控制器数据的接入,并实现对3D数字模型逻辑的精准编程和控制。可以模拟运行整个或部分生产流程,并在生产线投产前对重要功能和性能进行测试。

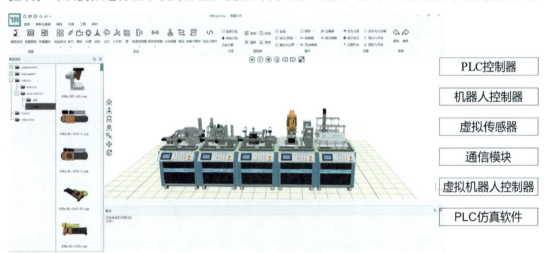

图 7-1-1　机电虚拟调试系统的组成

4. 虚拟调试系统应用

虚拟调试在复杂的自动化项目中具有显著优势。如果有多个控制系统,虚拟调试可以在不同系统的同一个仿真模型中对机器人或者PLC代码进行仿真,从而使整个加工单元的自动化技术得以投入运行。

THS-JRT-1机电综合数字孪生仿真系统功能见表7-1-1。

表 7-1-1　THS-JRT-1机电综合数字孪生仿真系统功能

基础功能	机器人工作站单元设备库:从中导入不同厂家的机器人、工件、工具手、附加轴(导轨、变位机、龙门架等)及其他相关工作单元(地板、安全栏、控制柜等)
	虚拟传感器建模:气缸组件建模,卡爪组件建模,输送带组件建模
	工作单元布局:对导入工作单元的设备的位置布局、位置关系调整

续表

基础功能	机器人插补算法：包括直线、圆弧、关节等几种基本的插补算法
	机器人作业仿真运行，实际动画演示过程
	实现机器人的后置输出，包括 ABB、KUKA、KeBa、固高和 Effort 等机器人
	支持各种机器人与 PLC 协议的接入，已经实现需要智能、倍福、三菱、OPC-UA 等机器人和控制器协议，可以增加新的机器人与 PLC 协议
	支持虚拟场景对接物联网平台，对运动控制器、PLC 采集的数据发送到虚拟场景，支持本地调试和远程调试
虚拟监控	机器人示教编程，在世界坐标系、工件坐标系、工具手坐标系等进行关节空间、直角空间的机器人示教作业
	在机器人工作站单元或者自动线运行时进行数据采集，复现整个工作站或者自动线的运动
虚拟调试	针对运动控制器和 PLC 进行数据采集，利用虚拟场景对运动控制器和 PLC 进行编程调试，可以支持示教编程，程序运行结果通过虚拟场景展示出来

 任务实施

1．THS-JRT-1机电综合数字孪生仿真系统界面操作

仿真系统软件整体界面，如图 7-1-2 所示。

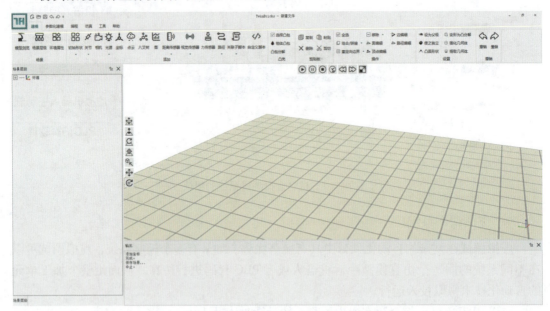

图 7-1-2　仿真系统软件整体界面

软件功能分区，如图 7-1-3 所示。
三维场景视口，如图 7-1-4 所示。
模型库浏览界面，如图 7-1-5 所示。

2．GX Works3 介绍

GX Works3是用于MELSEC iQ-R系列/MELSEC iQ-F系列的PLC的设置、编程、调试、

维护的工程工具。与 GX Works2 相比，GX Works3 提高了功能和操作性，更易于使用。仿真功能是指使用 PC 上的虚拟 PLC 软件工具进行调试的功能。仿真功能需要使用 GX Simulator3。无须连接 CPU 模组即可进行调试，便于在实际中 PLC 上运行程序前验证程序的正确性。

GX Simulator3 界面介绍，请扫描二维码查看。

7-1- 三菱 GX Simulator3 界面介绍

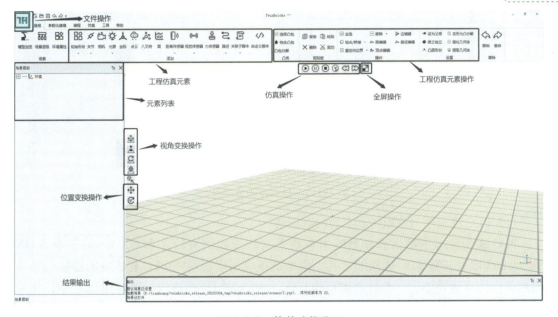

图 7-1-3　软件功能分区

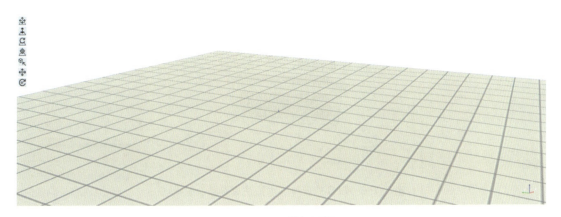

图 7-1-4　三维场景视口

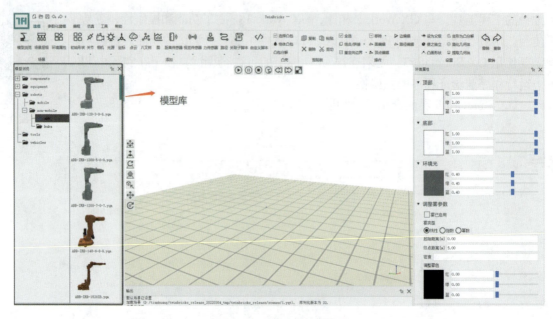

图 7-1-5 模型库浏览界面

(1) PLC 软元件与虚拟仿真参数映射模块

PLC 软元件与虚拟仿真参数映射模块是实现虚拟仿真软件和 GX Works 3 中的 GX Simulator3 以及三菱 PLC 连接的工具。借助该模块可以实现将 PLC 程序中的控制信号传输到虚拟仿真软件中去,并且将虚拟仿真软件中的虚拟传感器信号映射到 PLC 中,作为输入信号。PLC 软元件与虚拟仿真参数映射模块程序,如图 7-1-6 所示。

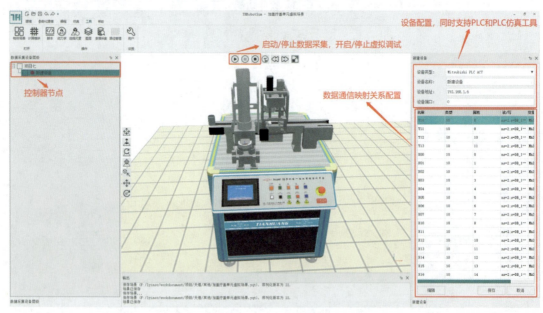

图 7-1-6　PLC 软元件与虚拟仿真参数映射模块

(2) 通信功能

通过配置三菱 PLC 或者本地 GX Simulator3 的 IP 地址和端口信息,可以将 THS-

JRT-1 与 PLC 或者 GX Simulator3 实现双向通信。通信客户端也可以实现其他设备如机器人控制器，其他品牌的 PLC 以及仿真工具与 THS-JRT-1 的连接。

(3) 三菱 PLC 通信工具 MX Component

MX Component 是三菱 PLC 官方上位机通信中间件安装包，可以实现监视和写入软元件，即相当于计算机是 PLC 的人机触摸屏，动作状态、报警内容等都可以实时记录到计算机中。MX Component 提供了各种编程语言的源码，包括但不限于 VBAVBScript、ASP、C++、C#。

3. GX Simulator3 介绍

GX Simulator3 是三菱 PLC 的仿真运行工具。GX Simulator3 集成在三菱的 PLC 编程工具 GX Works3 中，可以在 GX Works3 系统中使用 GX Simulator3。GX Works3 是用于 MELSEC iQ-R 系列/MELSEC iQ-F 系列的 PLC 的设置、编程、调试、维护的工程工具。与 GX Works2 相比，GX Works3 提高了功能和操作性，更易于使用。GX Simulator3 仿真功能是指使用 PC 上的虚拟 PLC 软件工具进行调试的功能。无须连接 CPU 模组即可进行调试，便于在实际中 PLC 上运行程序前验证程序的正确性。GX Simulator3 的仿真结果是输出所对应的 PLC 软元件的数值，结合数字仿真工具，可以观测到这些数值所对应的运动指令。

GX Simulator3 可进行以下 5 种仿真：(1) 仿真 CPU 模组（本地主机）；(2) 仿真多 CPU 系统；(3) 仿真可编程控制器 CPU 与运动控制 CPU 的多 CPU 系统；(4) 仿真 CPU 模组与简单运动控制模组的系统；(5) 仿真执行循环传输的多个系统。

(1) PLC 软元件与虚拟仿真参数映射模块界面介绍

PLC 软元件与虚拟仿真参数映射模块是实现虚拟仿真软件和 GX Works 3 中的 GX Simulator3 以及三菱 PLC 连接的工具。借助该模块可以实现将 PLC 程序中的控制信号传输到虚拟仿真软件中去，并且将虚拟仿真软件中的虚拟传感器信号作为输入信号映射到 PLC 中。PLC 软元件与虚拟仿真参数映射模块程序，如图 7-1-7 所示。

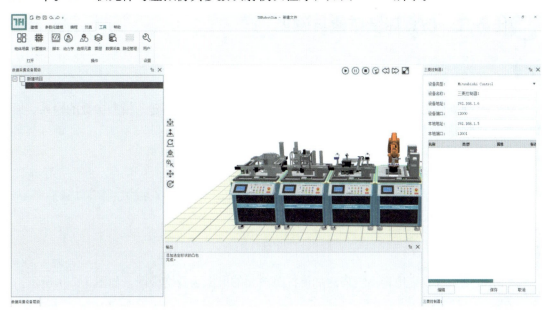

图 7-1-7　PLC 软元件与虚拟仿真参数映射模块

项目七 机电系统虚拟调试

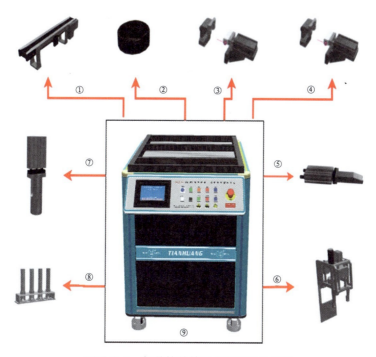

图 7-2-1 加盖拧盖单元虚拟场景结构图

①—输送带机构模块;②—瓶盖以及瓶子物料;③—加盖固定模块 A;④—拧盖固定模块 B;⑤—瓶盖推送模块;
⑥—瓶盖下推模块;⑦—瓶盖拧紧模块;⑧—瓶盖存储模块;⑨—工作台以及控制面板

任务实施

1. 搭建虚拟模型

加盖拧盖单元虚拟仿真场景搭建步骤,见表 7-2-1。

表 7-2-1 加盖拧盖单元虚拟仿真场景搭建步骤

步 骤	图 片	说 明
1.新建工程	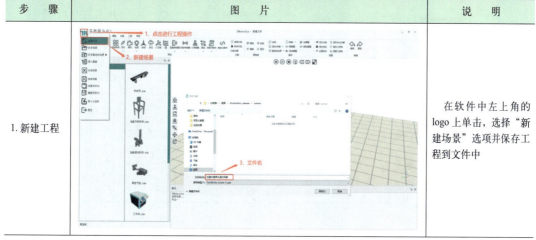	在软件中左上角的 logo 上单击,选择"新建场景"选项并保存工程到文件中

续表

步 骤	图 片	说 明
2. 打开模型库	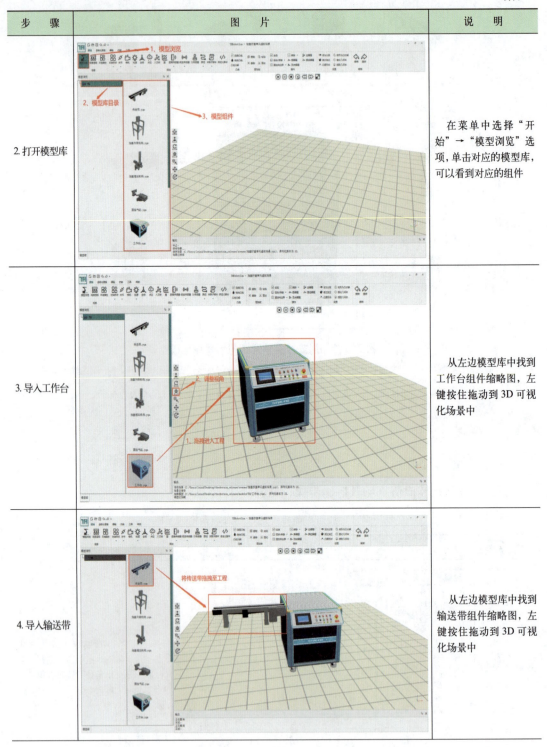	在菜单中选择"开始"→"模型浏览"选项,单击对应的模型库,可以看到对应的组件
3. 导入工作台		从左边模型库中找到工作台组件缩略图,左键按住拖动到3D可视化场景中
4. 导入输送带		从左边模型库中找到输送带组件缩略图,左键按住拖动到3D可视化场景中

续表

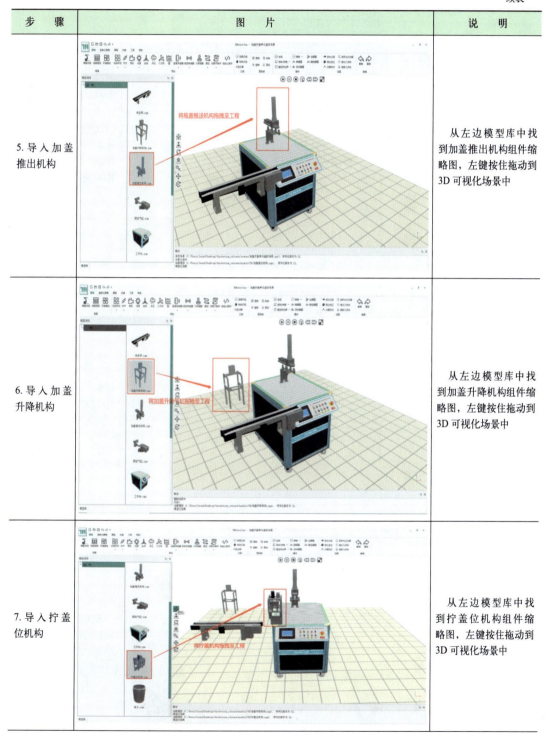

步 骤	图 片	说 明
5. 导入加盖推出机构		从左边模型库中找到加盖推出机构组件缩略图，左键按住拖动到3D可视化场景中
6. 导入加盖升降机构		从左边模型库中找到加盖升降机构组件缩略图，左键按住拖动到3D可视化场景中
7. 导入拧盖位机构		从左边模型库中找到拧盖位机构组件缩略图，左键按住拖动到3D可视化场景中

续表

步　骤	图　片	说　明
8.导入瓶子和瓶盖		从左边模型库中找到瓶子和瓶盖的组件缩略图，左键按住拖动到3D可视化场景中
9.导入两个固定气缸		从左边模型库中找到固定气缸的组件缩略图，左键按住拖动到3D可视化场景中，执行两次，拖入两个
10.导入物料感应传感器		从左边模型库中找到物料感应传感器组件缩略图，左键按住拖动到3D可视化场景中，执行两次，拖入两个

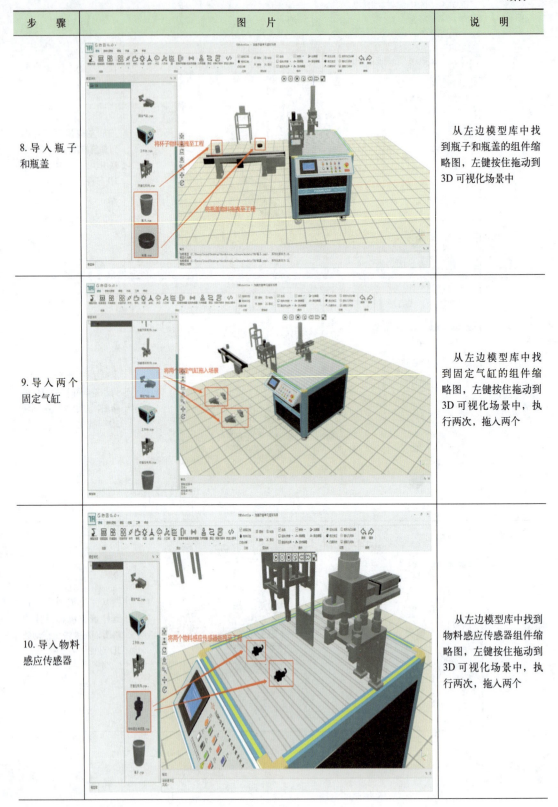

续表

步骤	图 片	说 明
11. 新建工作站根节点		在菜单中选择"建模"→"坐标"选项,在左边场景层级中修改名称为"工作站"
12. 重建场景层次		在"场景层次"中选择"工作台",鼠标左键按住,拖动到工作站根节点上,并松开,然后依次对"传送带""加盖推出机构"等,进行同样的操作
13. 调整工作台位置		在树结构中选中工作台,在左侧悬浮工具中选择"平移"选项,在右侧位置中X、Y、Z坐标分别设置为:-7.4000e-01、-5.0483e-02、+4.3986e-01

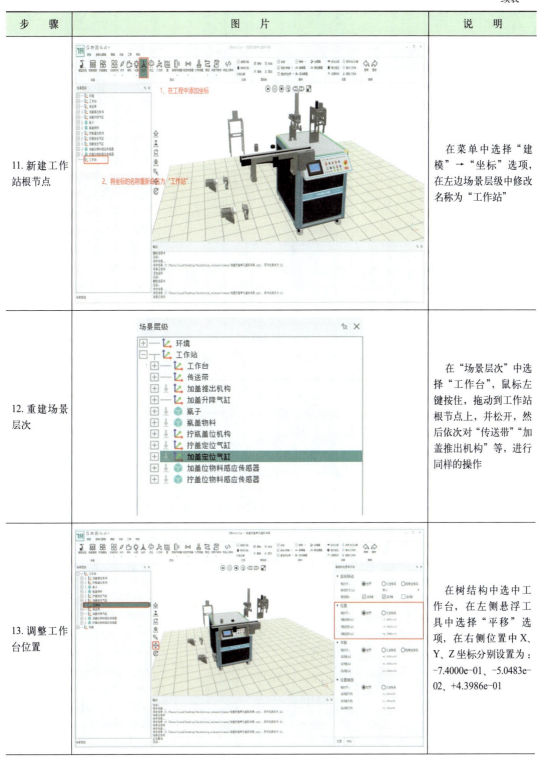

步骤	图片	说明
14. 调整传送带位置	▼ 鼠标移动 相对于： ●世界 ○父坐标系 ○自身坐标系 移动步长[m]： 默认 首选轴： ☑沿X轴 ☑沿Y轴 ☐沿Z轴 ▼ 位置 相对于： ●世界 ○父坐标系 X轴坐标[m]： −7.3600e−01 Y轴坐标[m]： −2.1618e−01 Z轴坐标[m]： +9.6800e−01 ▼ 平移 相对于： ●世界 ○父坐标系 ○自身坐标系 沿X轴[m]： +0.0000e+00 沿Y轴[m]： +0.0000e+00 沿Z轴[m]： +0.0000e+00 ▼ 位置缩放 相对于： ●世界 ○父坐标系 沿X轴方向： +1.000e+00 沿Y轴方向： +1.000e+00 沿Z轴方向： +1.000e+00	按照上面的操作，改变传送带的位置为： X：−7.3600e−01 Y：−2.1618e−01 Z：+9.6800e−01
15. 调整加盖位推出机构位置	▼ 鼠标移动 相对于： ●世界 ○父坐标系 ○自身坐标系 移动步长[m]： 默认 首选轴： ☑沿X轴 ☑沿Y轴 ☐沿Z轴 ▼ 位置 相对于： ●世界 ○父坐标系 X轴坐标[m]： −8.9390e−01 Y轴坐标[m]： −5.2346e−01 Z轴坐标[m]： +9.8354e−01 ▼ 平移 相对于： ●世界 ○父坐标系 ○自身坐标系 沿X轴[m]： +0.0000e+00 沿Y轴[m]： +0.0000e+00 沿Z轴[m]： +0.0000e+00 ▼ 位置缩放 相对于： ●世界 ○父坐标系 沿X轴方向： +1.000e+00 沿Y轴方向： +1.000e+00 沿Z轴方向： +1.000e+00	按照上面的操作，改变加盖位推出机构的位置为： X：−8.9390e−01 Y：−5.2346e−01 Z：+9.8354e−01

续表

步骤	图 片	说 明
16. 调整加盖位升降气缸位置	▼ 鼠标移动 　相对于：　　◉ 世界　　○ 父坐标系　　○ 自身坐标系 　移动步长[m]　　默认　　▼ 　首选轴：　　☑ 沿X轴　　☑ 沿Y轴　　□ 沿Z轴 ▼ 位置 　相对于：　　◉ 世界　　○ 父坐标系 　X轴坐标[m]　　-8.9387e-01 　Y轴坐标[m]　　-2.0109e-01 　Z轴坐标[m]　　+1.1963e+00 ▼ 平移 　相对于：　　◉ 世界　　○ 父坐标系　　○ 自身坐标系 　沿X轴[m]　　+0.0000e+00 　沿Y轴[m]　　+0.0000e+00 　沿Z轴[m]　　+0.0000e+00 ▼ 位置缩放 　相对于：　　◉ 世界　　○ 父坐标系 　沿X轴方向　　+1.000e+00 　沿Y轴方向　　+1.000e+00 　沿Z轴方向　　+1.000e+00	按照上面的操作，改变加盖位升降气缸位置为： X：-8.9387e-01 Y：-2.0109e-01 Z：+1.1963e+00
17. 调整拧瓶盖机构位置	▼ 鼠标移动 　相对于：　　◉ 世界　　○ 父坐标系　　○ 自身坐标系 　移动步长[m]　　0.001　　▼ 　首选轴：　　☑ 沿X轴　　□ 沿Y轴　　□ 沿Z轴 ▼ 位置 　相对于：　　◉ 世界　　○ 父坐标系 　X轴坐标[m]　　-7.1744e-01 　Y轴坐标[m]　　-1.9396e-01 　Z轴坐标[m]　　+1.0994e+00 ▼ 平移 　相对于：　　◉ 世界　　○ 父坐标系　　○ 自身坐标系 　沿X轴[m]　　+0.0000e+00 　沿Y轴[m]　　+0.0000e+00 　沿Z轴[m]　　+0.0000e+00 ▼ 位置缩放 　相对于：　　◉ 世界　　○ 父坐标系 　沿X轴方向　　+1.000e+00 　沿Y轴方向　　+1.000e+00 　沿Z轴方向　　+1.000e+00	按照上面的操作，改变拧瓶盖机构位置为： X：-7.1744e-01 Y：-1.9396e-01 Z：+1.0994e+00

续表

步骤	图片	说明
18. 调整拧盖定位气缸位置		按照上面的操作，改变拧盖定位气缸位置为： X：-7.4310e-01 Y：-2.3286e-01 Z：+1.0550e+00
19. 调整加盖定位气缸位置		按照上面的操作，改变加盖定位气缸位置为： X：-0.8951 Y：-0.23286 Z：+1.055

续表

步 骤	图 片	说 明
20. 调整加盖位物料感应传感器位置	(模型的位置和方向对话框：位置 X轴坐标 -8.9643e-01，Y轴坐标 -1.6559e-01，Z轴坐标 +1.0742e+00)	按照上面的操作，改变加盖位物料感应传感器位置为： X：-0.89643 Y：-0.16559 Z：+1.0742
21. 调整拧盖位物料感应传感器位置	(模型的位置和方向对话框：位置 X轴坐标 -7.4243e-01，Y轴坐标 -1.6559e-01，Z轴坐标 +1.0742e+00)	按照上面的操作，改变加盖位物料感应传感器位置为： X：-0.74243 Y：-0.16559 Z：+1.0742

续表

步骤	图片	说明
22. 调整瓶子物料位置	（模型的位置和方向对话框截图：位置相对于世界，X轴坐标 −1.1200e+00，Y轴坐标 −1.9895e−01，Z轴坐标 +1.0855e+00）	按照上面的操作，调整瓶子物料位置为： X：−1.120 Y：−0.19895 Z：+1.0855
23. 调整瓶盖物料位置	（模型的位置和方向对话框截图：位置相对于世界，X轴坐标 −8.9387e−01，Y轴坐标 −1.3058e−01，Z轴坐标 +1.1812e+00）	按照上面的操作，调整瓶盖物料位置为： X：−89387 Y：−0.13058 Z：+1.1812

续表

步骤	图片	说明
24. 调整位置后的结果		
25. 修改信号参数		在菜单中选择"工具"→"脚本"选项，分别修改相应的参数
26. 操作按钮参数修改		选择"操作按钮"→"工作站编号"选项，输入"plc0"工作站编号，可以自由命名，但是要和后面添加数据通信映射关系时设置的节点编号保持一致。 在后面分别输入"启动""停止""复位""单机""联机"所对应的 PLC 输入信号

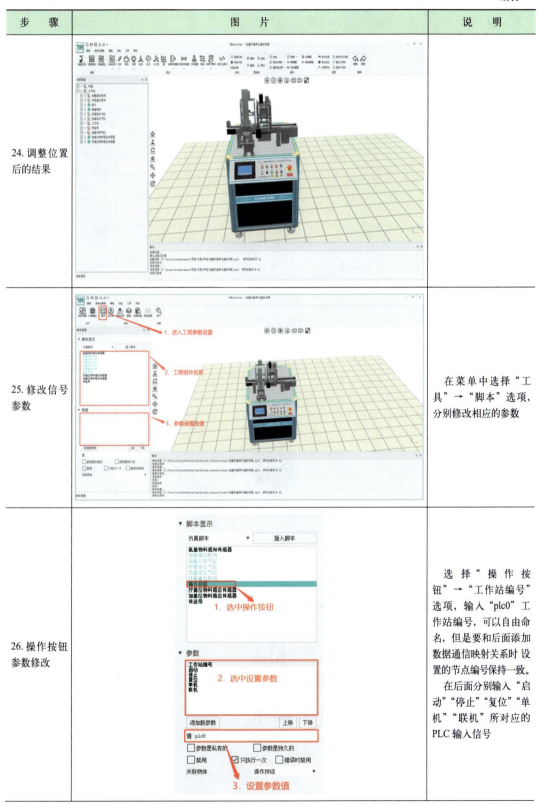

续表

步骤	图片	说明
27. 修改传动带参数		选择"传送带"→"工作站编号"选项与之前选择一致,控制端口输入对应PLC的输出端口。然后依次对其他组件也按照这种规则进行参数输入
28. 设置和GX Works3的通信		在菜单中选择"工具"→"数据采集"选项,开启数据通信配置,并添加通信项目
29. 修改项目名称		双击项目节点,修改项目名称

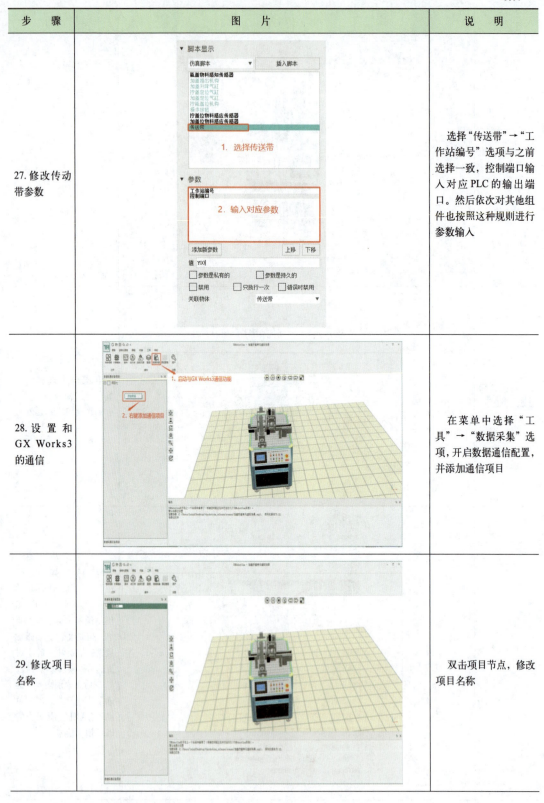

项目七 机电系统虚拟调试　171

续表

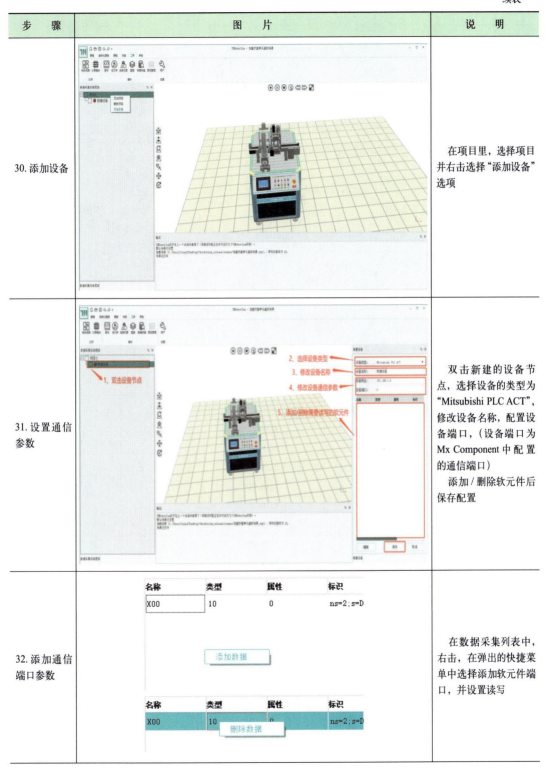

步　骤	图　片	说　明
30. 添加设备		在项目里，选择项目并右击选择"添加设备"选项
31. 设置通信参数		双击新建的设备节点，选择设备的类型为"Mitsubishi PLC ACT"，修改设备名称，配置设备端口，（设备端口为Mx Component 中配置的通信端口） 添加/删除软元件后保存配置
32. 添加通信端口参数		在数据采集列表中，右击，在弹出的快捷菜单中选择添加软元件端口，并设置读写

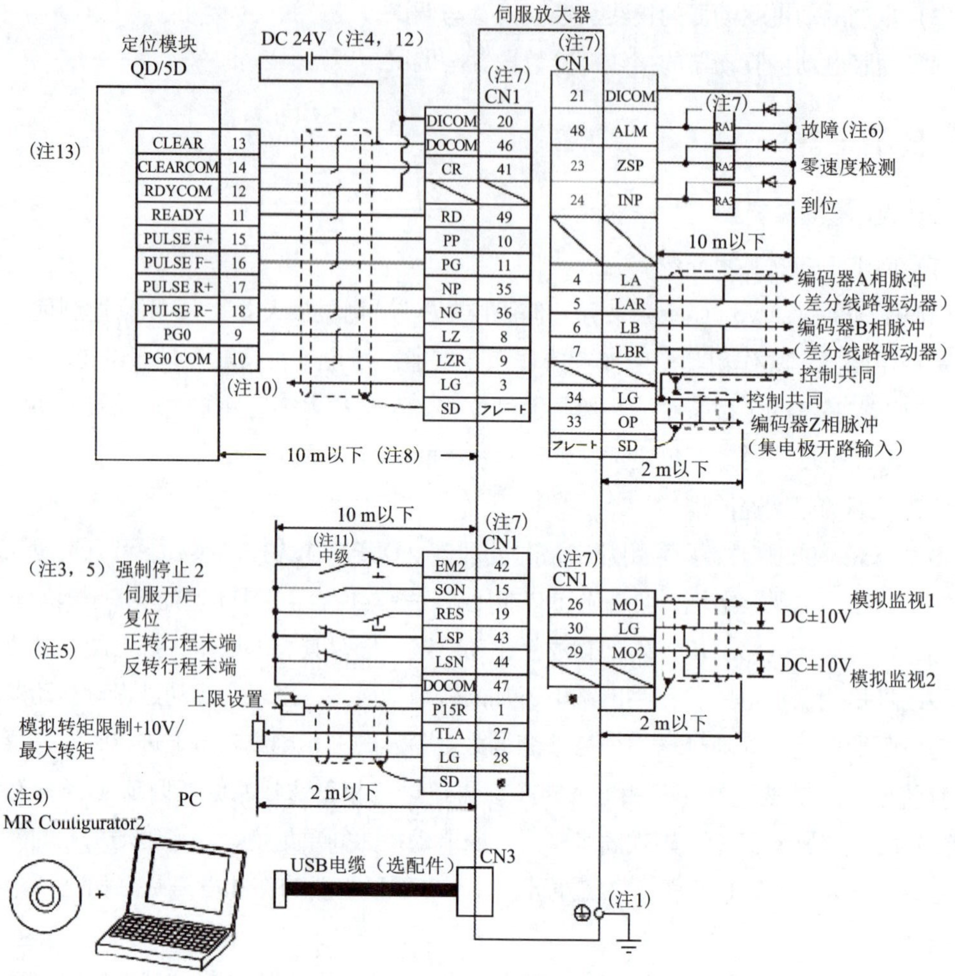

机电一体化项目

伺服放大器

定位模块 QD/5D DC 24V（注4，12）

（注7）CN1

（注13）

CLEAR	13
CLEARCOM	14
RDYCOM	12
READY	11
PULSE F+	15
PULSE F−	16
PULSE R+	17
PULSE R−	18
PG0	9
PG0 COM	10

（注10）

DICOM	20
DOCOM	46
CR	41
RD	49
PP	10
PG	11
NP	35
NG	36
LZ	8
LZR	9
LG	3
SD	フレート

（注7）CN1

DICOM	21
ALM	48	故障（注6）
ZSP	23	零速度检测
INP	24	到位

10 m以下

LA	4	编码器A相脉冲
LAR	5	（差分线路驱动器）
LB	6	编码器B相脉冲
LBR	7	（差分线路驱动器）
		控制共同
LG	34	控制共同
OP	33	编码器Z相脉冲
SD	フレート	（集电极开路输入）

2 m以下

10 m以下（注8）

10 m以下

（注7）CN1

（注3，5）强制停止2
伺服开启
复位
（注5）正转行程末端
反转行程末端

模拟转矩限制+10V/
最大转矩

（注9）
MR Configurator2 PC

（注11）中级

EM2	42
SON	15
RES	19
LSP	43
LSN	44
DOCOM	47
P15R	1
TLA	27
LG	28
SD	フレート

上限设置

2 m以下

（注7）CN1

MO1	26	DC±10V 模拟监视1
LG	30	
MO2	29	DC±10V 模拟监视2

2 m以下

USB电缆（选配件）CN3

（注1）

图 5-2-1 伺服驱动器电路图

2．电气原理图

智能仓储单元电气原理图，以三菱系统为例，如图 5-2-2 所示。汇川系统电气原理图请扫描二维码查看。

5-6- 智能仓储单元汇川系统电气原理图

续表

序号	名称	类型	功能说明
32	X 轴位置电动机力矩被转换为电动机	输入	床身数控装置继电器 D200，根据床身数控装置调节为电动机的力矩转有度
33	在 A 坐置电动机力矩有度	输入	床身数控装置继电器 D204，根据床身数控装置调节为在 A 坐置电动机转有度
34	在 B 坐置电动机力矩有度	输入	床身数控装置继电器 D206，根据床身数控装置调节为在 B 坐置电动机转有度
35	X 轴位置电动机力矩其升降有度	输入	床身数控装置继电器 D208，根据床身数控装置调节为 X 轴其升降有度
36	X 轴位置电动机力行走床身	输入	床身数控装置继电器 D210，根据床身数控装置调节为 X 轴行走床身位置
37	在位第三行走床身速度	输入	床身数控装置继电器 D212，根据床身数控装置调节书位第三行走速度
38	在位第二行降床身速度	输入	床身数控装置继电器 D214，根据床身数控装置调节书位第二行降速度
39	在位第一行降床身速度	输入	床身数控装置继电器 D216，根据床身数控装置调节书位第一行降速度
40	在位第一列行床身速度	输入	床身数控装置继电器 D218，根据床身数控装置调节书位第一列行速度
41	在位第二列行床身速度	输入	床身数控装置继电器 D220，根据床身数控装置调节书位第二列行速度
42	在位第三列行床身速度	输入	床身数控装置继电器 D222，根据床身数控装置调节书位第三列行速度
43	手动 / 自动模式切换	开关	手动 / 自动
44	系统给接准用	标准接钮	该接钮按下，测周时给考系统给接范围
45	启动	标准接钮	与实体启动接钮和功能相同
46	停止	标准接钮	与实体停止接钮和功能相同
47	复位	标准接钮	与实体复位接钮和功能相同

按分表可见表 5-3-3，对任务的实施情况进行评价，将评分结果记入任务分表中。

表 5-3-3 按分表

按分表	工作形式 □个人完成 □ □小组（ □人）/小组		工作时间 ———— min
任务	训练内容	配分	学生自评 / 教师评分
按键与指示灯的信号设备在键盘单元的序考与测试——运行功能测试	（1）上电，系统启动下，"停止、"求关"、"停止、"指示灯亮灭，"启动"和"复位"指示灯灭	4	
	（2）在"停止"求关下，按下"复位"，按钮，该指示复位，复位指示灯亮；		
	①"复位"指示灯闪烁（2Hz）	4	
	② 所有机构回到初始位置	4	

130 机电一体化项目

图 6-3-3 从站颗粒上料单元的数据读写程序

2．动作控制程序

依据图 6-2-1 组态画面的控制要求，编写联机启动程序，如图 6-3-4 所示；联机停止程序，如图 6-3-5 所示；联机复位程序，如图 6-3-6 所示；触摸屏指示灯程序，如图 6-3-7 所示；运行用时统计程序，如图 6-3-8 所示。

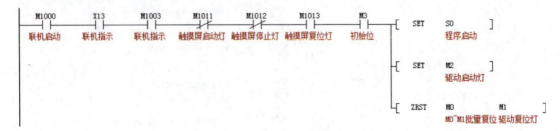

图 6-3-4 联机启动程序

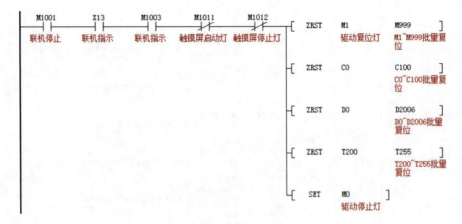

图 6-3-5 联机停止程序

其中，左侧为设备项目树，用于展示所连接的控制设备的列表，右侧是设置数据通信的设备的 IP 和端口配置，软元件的端口的读写配置。

（2）通信功能

通过配置三菱 PLC 或者本地 GX Simulator3 的 IP 地址和端口信息，可以将 THS-JRT-1 与 PLC 或者 GX Simulator3 实现双向通信。通信客户端也可以实现其他设备如机器人控制器，其他品牌的 PLC 以及仿真工具与 THS-JRT-1 的连接。

 **任务评价**

依据表 7-1-2 所列评分项和训练内容，对实操结果开展学生自评和教师评分。

表 7-1-2　评分表

评分表 _____学年		工作形式 □个人□小组分工□小组			工作时间 _____min	
任务		训练内容	配分	学生自评	教师评分	
虚拟调试 系统介绍	虚拟仿真 基本知识	描述虚拟仿真在工业生产中的作用	15			
		描述数字孪生仿真的基本功能	15			
		描述机电一体化仿真软件 THS-JRT-1 的基本功能	15			
		描述虚拟调试在复杂的自动化项目中的作用	15			
	仿真软件 使用	完成 GX Works3 与 GX Simulator3 基本使用配置	20			
		完成 PLC 软元件与虚拟仿真参数映射模块对应	20			
合　　计			100			

▶ 任务二　仿真环境搭建与设置

 **任务描述**

以加盖拧盖单元搭建虚拟仿真系统为例，完成单元模型的搭建，模型参数的输入，通信端的连接配置，PLC 仿真软件的配置及仿真运行。

请完成如下具体工作：

（1）加盖拧盖单元模型搭建。

（2）通信端口配置。

（3）PLC 仿真配置。

 **任务准备**

利用机电系统数字仿真系统搭建加盖拧盖单元的虚拟场景结构图，如图 7-2-1 所示。

续表

步骤	图片	说明
33. 软元件配置	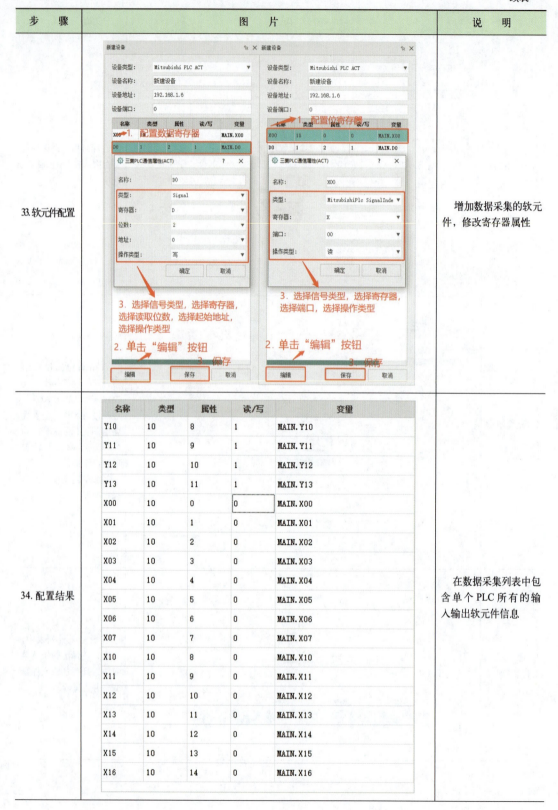	增加数据采集的软元件，修改寄存器属性
34. 配置结果		在数据采集列表中包含单个 PLC 所有的输入输出软元件信息

名称	类型	属性	读/写	变量
Y10	10	8	1	MAIN.Y10
Y11	10	9	1	MAIN.Y11
Y12	10	10	1	MAIN.Y12
Y13	10	11	1	MAIN.Y13
X00	10	0	0	MAIN.X00
X01	10	1	0	MAIN.X01
X02	10	2	0	MAIN.X02
X03	10	3	0	MAIN.X03
X04	10	4	0	MAIN.X04
X05	10	5	0	MAIN.X05
X06	10	6	0	MAIN.X06
X07	10	7	0	MAIN.X07
X10	10	8	0	MAIN.X10
X11	10	9	0	MAIN.X11
X12	10	10	0	MAIN.X12
X13	10	11	0	MAIN.X13
X14	10	12	0	MAIN.X14
X15	10	13	0	MAIN.X15
X16	10	14	0	MAIN.X16

续表

步骤	图片	说明
35. 启动、停止复位操作	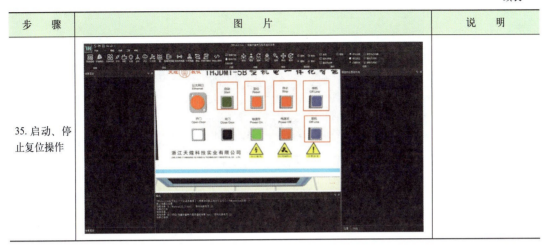	

2. GX Works3仿真设置

在完成场景搭建的基础上,使用GX Works3软件进行仿真设置,见表7-2-2。

表7-2-2 GX Works3仿真设置步骤

步骤	图片	说明
1. 导入PLC程序	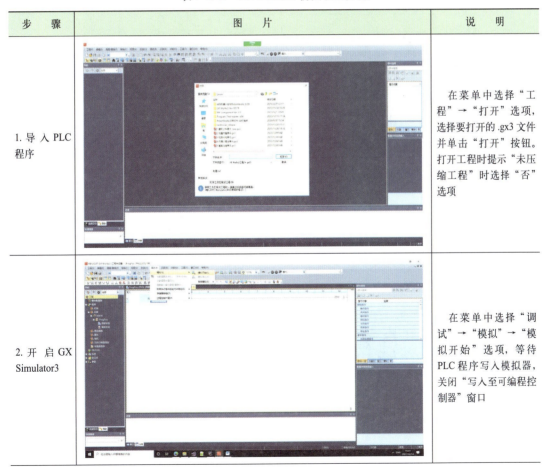	在菜单中选择"工程"→"打开"选项,选择要打开的.gx3文件并单击"打开"按钮。打开工程时提示"未压缩工程"时选择"否"选项
2. 开启GX Simulator3		在菜单中选择"调试"→"模拟"→"模拟开始"选项,等待PLC程序写入模拟器,关闭"写入至可编程控制器"窗口

续表

步骤	图片	说明
3. 以管理员身份运行 Mx Component 的通信配置程序		在 Windows 开始菜单中选择 MELSOFT 目录，找到"Communication Setup Utility"，右击，选择"更多"→"以管理员身份运行"选项
4. 新建逻辑站		单击 Wizard 按钮，新建逻辑站端口
5. 输入逻辑站站号		Logical station number 的值配置为任意数字，要求不重复，此值在数据通信客户端中会使用到
6. 选择仿真 PC 端口		选择 PC 端口

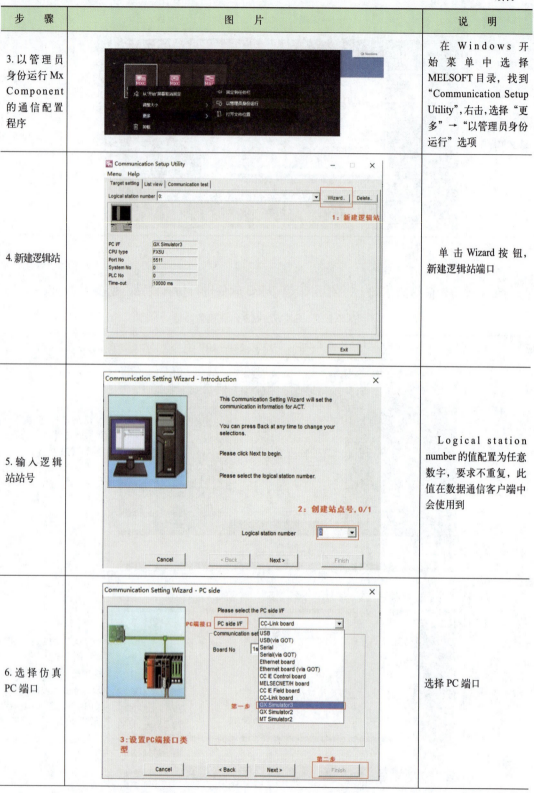

步骤	图片	说明
7. 配置 CPU		"PC side I/F" 选择 "GX Simulator3" 选项，"CPU type" 选择 "FX5U" 选项，选中 "Set Port Number" 复选框
8. 完成配置		"Comment" 可以填写为自定义注释内容，也可以为空
9. 测试 Mx Component 与 GX Works3 仿真通信连接		选择 "Communication test" 选项卡，选择需要测试的 "Logical station number"，单击 "Test" 按钮，弹出 "Communication test is successful" 对话框，则通信功能正常

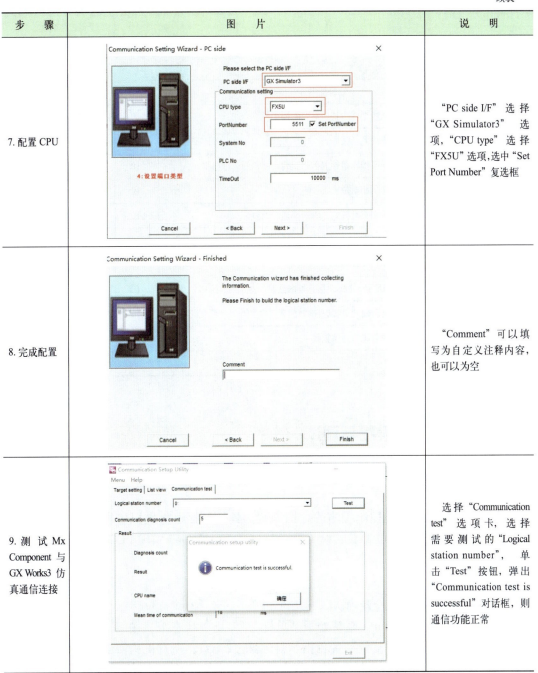

评分表见表 7-2-3，对任务的实施情况进行评价，将评分结果记入评分表中。

表 7-2-3　评分表

评分表 ＿＿＿学年		工作形式 □个人 □小组分工 □小组		工作时间 ＿＿＿min	
				学生自评	教师评分
任务		训练内容	配分		
仿真环境搭建与设置	组件拖动操作	从模型库中找到对应的模型	10		
		拖动到场景中	10		
	组件位置调整	精准操作组件的平移旋转，视角的选择操作	10		
		布局相对位置要匹配	10		
	输送带速度调整	采用实时模式，输送带速度调整	10		
	GX Simulator3 使用配置	GX Simulator3 仿真环境配置	10		
		GX Simulator3 仿真启动	10		
		GX Simulator3 仿真数据监控	10		
	通信客户端参数配置与验证	正确配置 IP 以及端口配置	10		
		映射端口通信数据	10		
合　　计			100		

任务三　仿真编程与调试

任务描述

请完成加盖拧盖单元控制程序的虚拟调试，具体包括建立虚拟仿真工程，建立 PLC 软元件与虚拟仿真工程中的参数映射关系，利用 GX Simulator 3 实现 PLC 程序的虚拟调试。

任务准备

在任务完成时，需要检查确认以下几点：

（1）启动 GX Simulator 3 系统处于"单机""停止"状态下。按下"复位"按钮，该单元复位，虚拟场景中"复位"黄色指示灯闪烁（2 Hz），所有机构回到初始位置。复位完成后，"复位"指示灯常亮，"启动"绿色和"停止"红色指示灯灭。"运行"或"复位"状态下，按"启动"按钮无效。

（2）在"复位"就绪状态下，按下"启动"按钮，单元启动，"启动"指示灯亮，"停止"和"复位"指示灯灭。

（3）系统在就绪状态按启动按钮，单元进入运行状态，而停止状态下按此按钮无效；"启动"虚拟场景中指示灯亮；"复位"虚拟场景中指示灯灭。

（4）虚拟场景中主输送带启动运行。

（5）虚拟场景中无盖物料瓶在该单元起始端生成。

（6）当虚拟场景中加盖位检测传感器检测到有物料瓶，并等待物料瓶运行到加盖工位下方时，输送带停止。

（7）虚拟场景中加盖定位气缸推出，将物料瓶准确固定。

（8）如果虚拟场景中加盖机构内无瓶盖，即瓶盖料筒检测传感器无动作，加盖机构不动作。

① 虚拟场景中盖子生成后，瓶盖料筒检测传感器感应到瓶盖。

② 虚拟场景中瓶盖料筒检测传感器动作。

③ 虚拟场景中加盖机构开始运行，继续第（7）步动作。

（9）虚拟场景中如果加盖机构有瓶盖，瓶盖料筒检测传感器动作，升降底座下降；加盖伸缩气缸推出，将瓶盖推到落料口。

（10）虚拟场景中加盖升降气缸伸出，将瓶盖压下。

（11）虚拟场景中瓶盖准确落在物料瓶上，无偏斜。

（12）虚拟场景中加盖伸缩气缸缩回。

（13）虚拟场景中升降底座上升。

（14）虚拟场景中加盖升降气缸缩回。

（15）虚拟场景中加盖定位气缸缩回。

（16）虚拟场景中主输送带启动。

（17）虚拟场景中当拧盖位检测传感器检测到有物料瓶，并等待物料瓶运行到拧盖工位下方时，输送带停止。

（18）虚拟场景中拧盖定位气缸推出，将物料瓶准确固定。

（19）虚拟场景中拧盖电动机开始旋转。

（20）虚拟场景中拧盖升降气缸下降。

（21）虚拟场景中瓶盖完全被拧紧。

（22）虚拟场景中拧盖电动机停止运行。

（23）虚拟场景中拧盖升降气缸缩回。

（24）虚拟场景中拧盖定位气缸缩回。

（25）虚拟场景中主输送带启动。

（26）系统在运行状态下，按"停止"按钮，单元立即停止，虚拟场景中所有机构不工作；虚拟场景中"停止"指示灯亮；"运行"指示灯灭。

任务实施

1. 数据通信映射

根据任务书提供加盖拧盖单元 I/O 分配表，见表 7-3-1，完成虚拟场景和 PLC 仿真的数据通信映射。

表 7-3-1 加盖拧盖单元 I/O 分配表

序号	名称	功能描述	备注
1	X00	虚拟场景瓶盖料筒感应到瓶盖，X00 闭合	
2	X01	虚拟场景加盖位传感器感应到物料，X01 闭合	
3	X02	虚拟场景拧盖位传感器感应到物料，X02 闭合	
4	X03	虚拟场景加盖伸缩气缸伸出前限位感应，X03 闭合	
5	X04	虚拟场景加盖伸缩气缸缩回后限位感应，X04 闭合	
6	X05	虚拟场景加盖升降气缸上限位感应，X05 闭合	
7	X06	虚拟场景加盖升降气缸下限位感应，X06 闭合	
8	X07	虚拟场景加盖定位气缸后限位感应，X07 闭合	
9	X10	按下启动按钮，X10 闭合	
10	X11	按下停止按钮，X11 闭合	
11	X12	按下复位按钮，X12 闭合	
12	X13	按下联机按钮，X13 闭合	
13	X14	虚拟场景拧盖升降气缸上限位感应，X14 闭合	
14	X15	虚拟场景拧盖定位气缸后限位感应，X15 闭合	
15	X16	虚拟场景加盖升降底座上限位感应，X16 闭合	
16	Y00	Y00 闭合，虚拟场景主输送带运行	
17	Y01	Y01 闭合，虚拟场景拧盖电动机运行	
18	Y02	Y02 闭合，虚拟场景加盖伸缩气缸伸出	
19	Y03	Y03 闭合，虚拟场景加盖升降气缸下降	
20	Y04	Y04 闭合，虚拟场景加盖定位气缸伸出	
21	Y05	Y05 闭合，虚拟场景拧盖升降气缸下降	
22	Y06	Y06 闭合，虚拟场景拧盖定位气缸伸出	
23	Y07	Y07 闭合，虚拟场景升降底座气缸下降	
24	Y10	Y10 闭合，虚拟场景启动指示灯亮	
25	Y11	Y11 闭合，虚拟场景停止指示灯亮	
26	Y12	Y12 闭合，虚拟场景复位指示灯亮	
27	Y13	Y13 闭合，虚拟场景升降吸盘吸气	

2. 仿真运行调试

完成加盖拧盖单元控制程序的虚拟调试，利用 GX Simulator3 实现 PLC 程序的虚拟调试。

任务评价

评分表见表 7-3-2，对任务的实施情况进行评价，将评分结果记入评分表中。

表 7-3-2 评分表

评分表 _____学年		工作形式 □个人 □小组分工 □小组		工作时间 _____min	
任务		训练内容	配分	学生自评	教师评分
仿真编程与调试	参数设置	建立虚拟调试环境与 GX Simulator 3 通信映射	6		
		输送带速度设置为 0.16 m/s	4		
		虚拟调试环境设置为实时模式	2		
	功能调试	（1）启动 GX Simulator 3 系统处于"单机""停止"状态下。按下"复位"按钮，该单元复位，虚拟场景中"复位"黄色指示灯闪烁（2 Hz），所有机构回到初始位置。复位完成后，"复位"指示灯常亮，"启动"绿色和"停止"红色指示灯灭。"运行"或"复位"状态下，按"启动"按钮无效	4		
		（2）在"复位"就绪状态下，按下"启动"按钮，单元启动，"启动"指示灯亮，"停止"和"复位"指示灯灭	4		
		（3）系统在就绪状态按启动按钮，单元进入运行状态，而停止状态下按此按钮无效；"启动"虚拟场景中指示灯亮；"复位"虚拟场景中指示灯灭	2		
		（4）虚拟场景中主输送带启动运行	4		
		（5）虚拟场景中无盖物料瓶在该单元起始端生成	4		
		（6）当虚拟场景中加盖位检测传感器检测到有物料瓶，并等待物料瓶运行到加盖工位下方时，输送带停止	2		
		（7）虚拟场景中加盖定位气缸推出，将物料瓶准确固定	2		
		（8）如果虚拟场景中加盖机构内无瓶盖，即瓶盖料筒检测传感器无动作，加盖机构不动作：			
		① 虚拟场景中瓶盖生成后，瓶盖料筒检测传感器感应到瓶盖	4		
		② 虚拟场景中瓶盖料筒检测传感器动作	2		
		③ 虚拟场景中加盖机构开始运行，继续第（7）步动作	4		
		（9）虚拟场景中如果加盖机构有瓶盖，瓶盖料筒检测传感器动作，升降底座下降；加盖伸缩气缸推出，将瓶盖推到落料口	4		
		（10）虚拟场景中加盖升降气缸伸出，将瓶盖压下	4		
		（11）虚拟场景中瓶盖准确落在物料瓶上，无偏斜	2		
		（12）虚拟场景中加盖伸缩气缸缩回	4		
		（13）虚拟场景中升降底座上升	2		
		（14）虚拟场景中加盖升降气缸缩回	4		

仿真编程与调试	功能调试	（15）虚拟场景中加盖定位气缸缩回	4		
		（16）虚拟场景中主输送带启动	4		
		（17）虚拟场景中当拧盖位检测传感器检测到有物料瓶，并等待物料瓶运行到拧盖工位下方时，输送带停止	2		
		（18）虚拟场景中拧盖定位气缸推出，将物料瓶准确固定	2		
		（19）虚拟场景中拧盖电动机开始旋转	4		
		（20）虚拟场景中拧盖升降气缸下降	2		
		（21）虚拟场景中瓶盖完全被拧紧	4		
		（22）虚拟场景中拧盖电动机停止运行	2		
		（23）虚拟场景中拧盖升降气缸缩回	2		
		（24）虚拟场景中拧盖定位气缸缩回	4		
		（25）虚拟场景中主输送带启动	2		
		（26）系统在运行状态下，按"停止"按钮，单元立即停止，虚拟场景中所有机构不工作；虚拟场景中"停止"指示灯亮；"运行"指示灯灭	4		
合　　计			100		